网络艺术设计
Network Art Design

21 世纪全国高职高专美术·艺术设计专业"十三五"精品课程规划教材

The "13th Five-Year Plan" Excellent Curriculum Textbooks for the Major of

Fine Arts and Art Design
in Higher Vocational Colleges and Junior Colleges in the 21st Century

主　编　韩高路

编　著　刘大明　张　爽　汤　力

辽宁美术出版社

Liaoning Fine Arts Publishing House

图书在版编目（CIP）数据

网络艺术设计 / 刘大明，张爽，汤力编著． 一 沈阳：
辽宁美术出版社，2020.8（2023.7重印）
21世纪全国高职高专美术·艺术设计专业"十三五"
精品课程规划教材
ISBN 978-7-5314-8448-6

Ⅰ．①网… Ⅱ．①刘… ②张… ③汤… Ⅲ．①网页－
艺术－设计－高等职业教育－教材 Ⅳ．①TP393.092.2

中国版本图书馆CIP数据核字（2020）第039901号

21世纪全国高职高专美术·艺术设计专业
"十三五"精品课程规划教材

总 主 编　彭伟哲
副总主编　时祥选　田德宏　孙郡阳
总 编 审　苍晓东　童迎强

编辑工作委员会主任　彭伟哲
编辑工作委员会副主任　童迎强　林　枫　王　楠
编辑工作委员会委员
苍晓东　郝　刚　王艺潼　于敏悦　宋　健　王哲明
潘　阔　郭　丹　顾　博　罗　楠　严　赫　范宁轩
王　东　高　焱　王子怡　陈　燕　刘振宝　史书楠
展吉喆　高桂林　周凤岐　任泰元　汤一敏　邵　楠
曹　焱　温晓天

印制总监
徐　杰　霍　磊

出版发行　辽宁美术出版社
经　　销　全国新华书店
地　　址　沈阳市和平区民族北街29号　邮编：110001
邮　　箱　lnmscbs@163.com
网　　址　http://www.lnmscbs.cn
电　　话　024-23404603

封面设计　彭伟哲　孙雨薇
版式设计　彭伟哲　薛冰焰　吴　烨　高　桐

印　　刷
沈阳绿洲印刷有限公司

责任编辑　罗　楠
责任校对　郝　刚
版　　次　2020年8月第1版　2023年7月第2次印刷
开　　本　889mm×1194mm　1/16
印　　张　6
字　　数　187千字
书　　号　ISBN 978-7-5314-8448-6
定　　价　49.00元

图书如有印装质量问题，请与出版部联系调换
出版部电话　024-23835227

序 >>

当我们把美术院校所进行的美术教育当作当代文化景观的一部分时，就不难发现，美术教育如果也能呈现或继续保持良性发展的话，则非要"约束"和"开放"并行不可。所谓约束，指的是从经典出发再造经典，而不是一味地兼收并蓄；开放，则意味着学习研究所必须具备的眼界和姿态。这看似矛盾的两面，其实一起推动着我们的美术教育向着良性和深入演化发展。这里，我们所说的美术教育其实有两个方面的含义：其一，技能的承袭和创造，这可以说是我国现有的教育体制和教学内容的主要部分；其二，则是建立在美学意义上对所谓艺术人生的把握和度量，在学习艺术的规律性技能的同时获得思维的解放，在思维解放的同时求得空前的创造力。由于众所周知的原因，我们的教育往往以前者为主，这并没有错，只是我们需要做的一方面是将技能性课程进行系统化、当代化的转换；另一方面，需要将艺术思维、设计理念等这些由"虚"而"实"体现艺术教育的精髓的东西，融入我们的日常教学和艺术体验之中。

在本套丛书出版以前，出于对美术教育和学生负责的考虑，我们做了一些调查，从中发现，那些内容简单、资料匮乏的图书与少量新颖但专业却难成系统的图书共同占据了学生的阅读视野。而且有意思的是，同一个教师在同一个专业所上的同一门课中，所选用的教材也是五花八门、良莠不齐，由于教师的教学意图难以通过书面教材得以彻底贯彻，因而直接影响教学质量。

在中国共产党第二十次全国代表大会上，习近平总书记在大会报告中指出"教育、科技、人才是全面建设社会主义现代化国家的基础性、战略性支撑……我们要办好人民满意的教育，全面贯彻党的教育方针，落实立德树人根本任务，培养德智体美劳全面发展的社会主义建设者和接班人，加快建设高质量教育体系，发展素质教育，促进教育公平。"党的二十大更加突出了科教兴国在社会主义现代化建设全局中的重要地位，强调了"坚持教育优先"的发展战略。正是在国家对教育空前重视的背景下，在当前优质美术专业教材匮乏的情况下，我们以党的二十大对教育的新战略、新要求为指导，在坚持遵循中国传统基础教育与内涵和训练好扎实绘画（当然也包括设计、摄影）基本功的同时，借鉴国内外先进、科学并且灵活的教学方法、教学理念以及对专业学科深入而精微的研究态度，努力构建高质量美术教育体系，辽宁美术出版社会同全国各院校组织专家学者和富有教学经验的精英教师联合编撰出版了美术专业配套教材。教材是无度当中的"度"，也是各位专家多年艺术实践和教学经验所凝聚而成的"闪光点"，从这个"点"出发，相信受益者可以到达他们想要抵达的地方。规范性、专业性、前瞻性的教材能起到指路的作用，能使使用者不浪费精力，直取所需要的艺术核心。从这个意义上说，这套教材在国内还是具有填补空白的意义。

目录 contents

概述 >>

网络艺术设计是我国近年来快速发展起来的交叉学科。随着计算机应用的广泛与深入，网络信息量的增大、功能性的增强，从事这一专业学习的学生和各种专业人士逐渐增多，社会对网络艺术设计人才的需求也急剧增加。网络艺术设计延续了传统艺术和艺术设计在不同媒体媒材、传播方式、版式设计及编排上的特点，同时应用数字传输技术、网页编程、后端数据库等强大功能，将艺术思维、现代观念、平面设计、三维设计、多媒体手段与网络互联共融一体，形成崭新的一个艺术与科技高度结合的交叉学科和领域。网络艺术设计是一个全新的充满奇妙艺术特色的设计领域，它的出现几乎冲击了所有的其他视觉艺术设计门类。但是，这种冲击是在承载传统的同时注入了新的活力，如与网络艺术设计最亲密的平面设计是现代设计较为成熟的门类之一，其二维空间的特质蕴涵了无尽的情境和有意味的形式。平面设计的视觉传达受众性、静态图式的持续张力和重复性都是具有强大的生命力。平面设计教学的坚实性和专业基础外延是网络艺术设计的审美基础，而网络艺术设计也为平面设计提供了新的视角，相互融通、相得益彰。

本教材概括了网络建设过程中方方面面的艺术设计理念，在有限的篇幅内明晰网络艺术设计的规律，讲述网络艺术设计的原理，让读者见到的网页、网站及其他要素更加艺术化，使网络艺术设计体系更完整更美化。本教材对于造型基础、色彩基础、构图原理、电脑软件技术等常见内容只略作说明。

本书分为三章：网络基础、网络艺术设计、网络艺术设计特色分析。每章又以网络、网页、网站为线索展开论述，使读者由浅入深、循序渐进地逐步掌握网络艺术设计理论和方法。教材中加入了大量网络设计实例，兼顾国外网络艺术设计发展潮流；重点分析了当今国内网络艺术设计现状、计算机技术与网络艺术设计更紧密结合的特点。从中读者可以了解到网络艺术设计的发展速度、更新速度之快；便捷、形象、高速是网络艺术设计的发展方向；展望网络艺术设计的未来，让更多的艺术设计理念融合到网络建设当中。

本教材的读者对象为泛艺术设计类专业的学生、计算机专业的学生、一切想美化网络的爱好者和网络建设者。根据读者的特点，总结以往相关图书存在的不足，避免长篇大论；以实际应用为出发点，简要明快、生动形象、语言通俗易懂；多数以图示意，并以彩色图片为主，以实例说明，使读者便于消化理解。教材每章开篇有学习重点，每节后有思考题。如果本书能让广大初学者能够有所启发，这是编者最大的欣慰。

编者

中國高等院校
THE CHINESE UNIVERSITY
21世纪高等院校多媒体影像艺术设计专业教材
21st Century University Multimedia Art designing Professional Course

CHAPTER 1

网络
网络原理
设计作品的上传、下载和展示
网页
网站

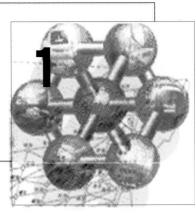

网 络 基 础

本章要点

- 网络的概念
- 网络发展的历史
- 网络原理
- 网络地址的作用
- 网络设计作品上传和下载
- 三维网页的特点
- 网页的编写方法
- 网站的分类

第一章 网络基础

第一节 网络

一、什么是网络

网络是纵横交错的组织或系统。这里的网络就是信息和服务共享系统。计算机网络就是利用通信线路将分布在不同地理位置上的计算机设备连接在一起，实现资源共享和信息交流。

网络按照拓扑结构特点可以分为：星型结构（图1-1）、环型结构（图1-2）、总线型结构（图1-3）。

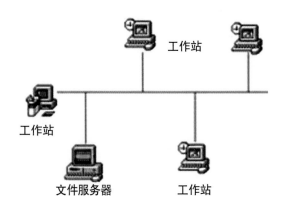

1-3 总线型结构

图1-1 星型结构

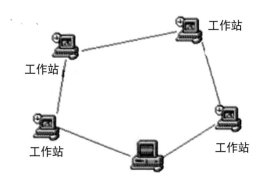

图1-2 环型结构

二、网络发展的历程

1.计算机网络的发展历史

20世纪60年代，美国国防部高级研究计划局ARPA（Advanced Research Projects Agency）为满足其所属的研究、计算机构对高性能计算机的需求展开对数据联网的研究。后来承包商将其设计成ARPAnet。

2.Internet的诞生

某种意义上，Internet可以说是美苏冷战的产物。20世纪60年代初，人们认为，能否保持科学技术上的领先地位，将决定战争的胜负。而科学技术的进步依赖于电脑领域的发展。60年代末，每一个主要的联邦基金研究中心，包括纯商业性组织、大学，都有了由美国新兴电脑工业提供的最新技术装备的电脑设备。电脑中心互联以共享数据的思想得到了迅速发展。

1983年，ARPA和美国国防部通信局研制成功了用于异构网络的TCP/IP协议，美国加利福尼亚伯克莱分校把该协议作为其

BSD UNIX 的一部分，使得该协议得以在社会上流行起来，从而诞生了真正的 Internet。

1986年，美国国家科学基金会 (National Science Foundation，NSF) 利用 ARPAnet 发展出来的 TCP/IP 的通讯协议，在 5 个科研教育服务超级电脑中心的基础上建立了 NSFnet 广域网。由于美国国家科学基金会的鼓励和资助，很多大学、政府资助的研究机构甚至私营的研究机构纷纷把自己的局域网并入NSFnet中。那时，ARPAnet 的军用部分已脱离母网，建立自己的网络 —— Milnet。ARPAnet —— 网络之父，逐步被NSFnet所替代。到 1990 年，ARPAnet 已退出了历史舞台。如今，NSFnet 已成为 Internet 的重要骨干网之一。

1989 年，由 CERN 开发成功 WWW，为 Internet 实现广域超媒体信息截取／检索奠定了基础。

到了90年代初期，Internet 事实上已成为一个"网中网" —— 各个子网分别负责自己的架设和运作费用，而这些子网又通过NSFnet互联起来。Internet 在 80 年代的扩张不但带来量的改变，同时也带来质的某些改变。由于多种学术团体、企业研究机构，甚至个人用户的进入，Internet 的使用者不再限于电脑专业人员。新的使用者发现，加入 Internet 除了可共享NSFnet的巨型机外，还能进行相互间的通讯，而这种相互间的通讯对他们来讲更有吸引力。于是，他们逐步把Internet当做一种交流与通信的工具，而不仅仅是共享NSFnet巨型机的运算能力。

在90年代以前，Internet的使用一直仅限于研究与学术领域。商业性机构进入Internet一直受到这样或那样的法规或传统问题的困扰。事实上，像美国国家科学基金会等曾经出资建造Internet的政府机构对Internet上的商业活动并不感兴趣。

1991年，"商用Internet协会"(CIEA) 成立，宣布用户可以把它们的Internet子网用于任何的商业用途。Internet商业化服务提供商的出现，使工商企业终于可以堂堂正正地进入Internet。商业机构一踏入Internet这一陌生的世界就发现了它在通讯、资料检索、客户服务等方面的巨大潜力。于是，其势一发不可收拾。世界各地无数的企业及个人纷纷涌入 Internet，带来Internet发展史上一个新的飞跃。

目前 Internet 已经联系着超过160个国家和地区、4万多个子网、500多万台电脑主机，直接的用户超过4000万，成为世界上信息资源最丰富的电脑公共网络。Internet被认为是未来全球信息高速公路的雏形。

3.中国因特网的历史

1990.4　中关村地区教育与科研示范网

1991.10 在中美高能物理年会上，美方发言人怀特·托基提出把中国纳入互联网络的合作计划。

1994.3　中国终于获准加入互联网，并在同年5月完成全部中国联网工作。

1994.6　国务院三金网 China GBN

1994.9　中国电信　China Net

1994.10 中国教育与科研计算机网 CERNET

1995.5　张树新创立第一家互联网服务供应商————瀛海威，中国的普通百姓开始进入互联网络。

2000.4　中国三大门户网站搜狐、新浪、网易成功在美国纳斯达克挂牌上市。

2002 年第二季度，搜狐率先宣布盈利，宣布互联网的春天已经来临。

中国互联网发展被划分成网路探索（1987—1994 年）、蓄势待发（1993—1996 年）、应运而起（1996—1998 年）、网络大潮:（1999—2002 年底）、繁荣与未来（2003 年至今）五大阶段。

思考题

1.什么是网络？

2.简述网络历史。

第二节　网络原理

随着计算机应用的深入，特别是家用计算机越来越普及，一方面希望众多用户能共享信息资源，另一方面也希望各计算机之间能互相传递信息进行通信。个人计算机的硬件和软件配置一般都比较低，其功能也有限，因此，要求大型与巨型计算机的硬件和软件资源，以及它们所管理的信息资源应该为众多的微型计算机所共享，以便充分利用这些资源。基于这些原因，促使计算机向网络化发展，将分散的计算机连接成网，组成计算机网络。

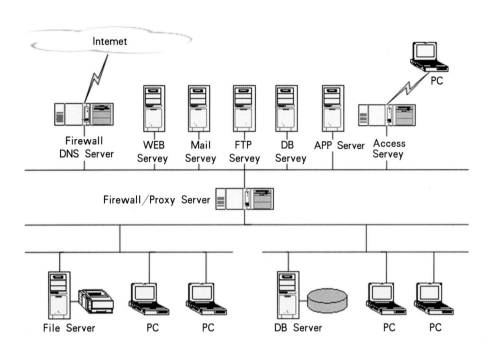

图1-4　网络原理图

上图是整个Internet网的一个组成局部，整个网络是由这样无数的局域网组成的（图1-4）。

一、网络的功能

所谓计算机网络，就是把分布在不同地理区域的计算机与专门的外部设备用通信线路互联成一个规模大、功能强的网络系统，从而使众多的计算机可以方便地互相传递信息，共享硬件、软件、数据信息等资源。通俗地说，网络就是通过电缆、电话线、或无线通讯等互联的计算机的集合。

网络的功能即是通过网络，您可以和其他连到网络上的用户一起共享网络资源，如磁盘上的文件及打印机、调制解调器等，也可以和他们互相交换数据信息（图1-5）。

二、网络的分类

按计算机联网的区域大小，我们可以把网络分为局域网（LAN，Local Area Network）和广域网（WAN，Wide Area Network）。局域网（LAN）是指在一个较小地理范围内的各种计算机网络设备互联在一起的通信网络，可以包含一个或多个子网，通常局限在几千米的范围之内。如在一个房间、一座大楼，或是在一个校园内的网络就称为局域网。广域网（WAN）连接地理范围较大，常常是一个国家或是一个洲。其目的是为了让分布较远的各局域网互联。我们平常讲的Internet就是最大最典型的广域网（图1-6）。

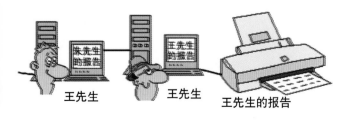

王先生　　　王先生　　　王先生的报告

图1-5

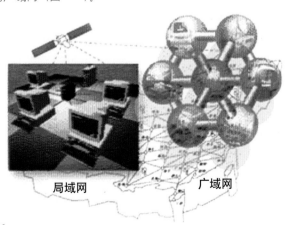

局域网　　　　　　广域网

图1-6

三、网络协议

网络上的计算机之间需要交换信息，就像我们说话用某种语言一样，在网络上的各台计算机之间也有一种语言，这就是网络协议，不同的计算机之间必须使用相同的网络协议才能进行通信。Internet 上的计算机使用的是 TCP/IP 协议（图1-7）。

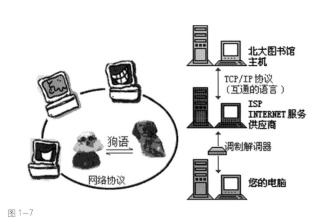

图1-7

12

四、什么是 Internet

Internet 如今已成为我们生活的一部分。从广义上讲，Internet 是遍布全球的联络各个计算机平台的总网络，是成千上万信息资源的总称；从本质上讲，Internet 是一个使世界上不同类型的计算机能交换各类数据的通信媒介。从 Internet 提供的资源及对人类的作用这方面来理解，Internet 是建立在高灵活性的通信技术之上的一个全球数字化数据库。下面介绍 Internet 是怎样工作的。

1.地址和协议的概念

Internet 的本质是电脑与电脑之间互相通信并交换信息，只不过大多是小电脑从大电脑获取各类信息。这种通信跟人与人之间信息交流一样必须具备一些条件，比如：您给一位法国朋友写信，首先必须使用一种对方也能看懂的语言，然后还得知道对方的通信地址，才能把信发出去。同样，电脑与电脑之间通信，首先也得使用一种双方都能接受的"语言"——通信协议，然后还需要知道电脑彼此的地址，通过协议和地址，电脑与电脑之间就能交流信息，这就形成了网络。

2.TCP/IP 协议

Internet 就是由许多小的网络构成的国际性大网络，在各个小网络内部使用不同的协议，正如不同的国家使用不同的语言，那如何使它们之间能进行信息交流呢？这就要靠网络上的世界语——TCP/IP 协议（图1-8）。

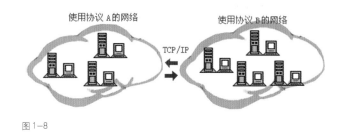

图1-8

3.IP 地址

Internet 上的每一台计算机都被赋予一个世界上唯一的32位 Internet 地址（Internet Protocol Address，简称 IP Address），这一地址可用于与该计算机有关的全部通信。一般的 IP 地址由4组数字组成，每组数字介于0-255之间，如某一台电脑的 IP 地址可为：202.206.65.115

4.域名地址

尽管 IP 地址能够唯一地标识网络上的计算机，但 IP 地址是数字型的，用户记忆这类数字十分不方便，于是人们又发明了另一套字符型的地址方案即所谓的域名地址。IP 地址和域名地址是一一对应的，譬如：河北科技大学的 IP 地址是202.206.64.33，对应域名地址为www.hebust.edu.cn。这份域名地址的信息存放在一个叫域名服务器（DNS，Domain Name Server）的主机内，使用者只需了解易记的域名地址，其对应转换工作就留给了域名服务器 DNS。DNS 就是提供 IP 地址和域名之间的转换服务的服务器。

5.域名地址的意义

域名地址是从右至左来表述其意义的，最右边的部分为顶层域，最左边的则是这台主机的机器名称。一般域名地址可表示为：主机机器名、单位名、网络名、顶层域名。如：dns.hebust.edu.cn，这里的 dns 是河北科技大学的一个主机的机器名，hebust 代表河北科技大学，edu 代表中国教育科研网，cn 代表中国，顶层域一般是网络机构或所在国家地区的名称缩写。

域名由两种基本类型组成:以机构性质命名的域和以国家地区代码命名的域。常见的以机构性质命名的域,一般由三个字符组成,如表示商业机构的"com",表示教育机构的"edu"等。以机构性质或类别命名的域如下表(图1-9)。

以国家或地区代码命名的域,一般用两个字符表示,是为世界上每个国家和一些特殊的地区设置的,如中国为"cn"、香港为"hk"、日本为"jp"、美国为"us"等。但是,美国国内很少用"us"作为顶级域名,而一般都使用以机构性质或类别命名的域名。下表介绍了一些常见的国家或地区代码命名的域(图1-10)。

域名	名义
com	商业机构
edu	教育机构
gov	政府部门
mil	军事机构
net	网络组织
int	国际机构(主要指北约)
org	其他非盈利组织

图1-9

6.统一资源定位器

统一资源定位器,又叫URL(Uniform Resource Locator),是专为标识Internet网上资源位置而设的一种编址方式,我们平时所说的网页地址指的即是URL,它一般由三部分组成:传输协议://主机IP地址或域名地址/资源所在路径和文件名,上海联线的URL为:http://china-window.com/shanghai/news/wnw.html,这里http指超文本传输协议,china-window.com是其Web服务器域名地址,shanghai/news是网页所在路径,wnw.html才是相应的网页文件。

标识Internet网上资源位置的三种方式:

IP地址:202.206.64.33

域名地址:dns.hebust.edu.cn

URL:http://china-window.com/shanghai/news/wnw.html

下面列表是常见的URL中定位和标识的服务或文件:

http:文件在WEB服务器上

    file:文件在您自己的局部系统或匿名服务器上

    ftp:文件在FTP服务器上

    gopher:文件在gopher服务器上

域名	国家或地区	域名	国家或地区	域名	国家或地区	域名	国家或地区
ar	阿根廷	nl	荷兰	gr	希腊	sg	新加坡
au	澳大利亚	nz	新西兰	gl	格陵兰	za	南非
at	奥地利	ni	尼加拉瓜	hk	香港	es	西班牙
br	巴西	no	挪威	is	冰岛	ch	瑞典
ca	加拿大	pk	巴基斯坦	n	印度	th	瑞士
co	哥伦比亚	pa	巴拿马	e	爱尔兰	tr	泰国
cr	哥斯达黎加	pe	秘鲁	il	以色列	gb	土耳其
cu	古巴	ph	菲律宾	it	意大利	gb	英国
dk	丹麦	pl	波兰	jm	牙买加	us	美国
eg	埃及	pt	葡萄牙	pt	日本	vn	越南
fi	芬兰	pr	波多黎各	mx	墨西哥	tw	台湾
fr	法国	ru	俄罗斯	cn	中国		

图1-10

wais：文件在 wais 服务器上

news：文件在 Usenet 服务器上

telnet：连接到一个支持 Telnet 远程登录的服务器上

7. Internet 的工作原理

有了TCP/IP协议和IP地址的概念，就可以很好的理解Internet的工作原理。当一个用户想给其他用户发送一个文件时，TCP先把该文件分成一个个小数据包，并加上一些特定的信息（可以看成是装箱单），以便接收方的机器确认传输是正确无误的，然后IP再在数据包上标上地址信息，形成可在Internet上传输的TCP/IP数据包（图1-11）。

图1-11

8. 使用 TCP／IP 传送数据

当 TCP/IP 数据包到达目的地后，计算机首先去掉地址标志，利用 TCP 的装箱单检查数据在传输中是否有损失，如果接收方发现有损坏的数据包，就要求发送端重新发送被损坏的数据包，确认无误后再将各个数据包重新组合成原文件。

就这样，Internet通过TCP/IP协议这一网上的"世界语"和IP地址实现了它的全球通信的功能。

五、网络发布与网络传输

网络发布很简单，把要发布的作品、文字、信息等直接粘贴在论坛上发出去，或通过博客发布，还有就是制作成网页传到具有一定地址的网站服务器上，其他人就能看到。

网络传输是指各种形式的信息在网络中流动传递，谈到网络传输就需要涉及网络传输的介质。

网络传输介质分两大类：传导型介质和辐射型介质。

1. 传导型介质

信号通过电路传输时，传导型介质利用导体传导即承载信号。

金属导体被用来传输电信号，通常由铜线制成，双绞线和大多数同轴电缆就是如此。有时也使用铝，最常见的应用是有线电视网络覆以铜线的铝质干线电缆。

玻璃纤维通常用于传导光信号的光纤网络，另外，塑料光纤（POF）用于一些低速、短程应用。

（1）双绞线

双绞线类型有非屏蔽双绞线和屏蔽双绞线。具体如下：

非屏蔽双绞线（UTP）无疑是最常见的传输介质，自1881年以来就广泛使用。它由两股线规很细的铜线（通常为实心）组成，互相绝缘，以固定间隔彼此绞合在一起。安装的UTP几乎长达数十亿英里，大多数用于传统本地交换运营商（ILEC）也就是电话公司的本地环路设备。本地环路是指把客户端连接到公共交换电话网络（PSTN）边缘的中心局（CO）交换机的电路。

屏蔽双绞线包括铝箔屏蔽的双绞线FTP、独立屏蔽双绞线STP。

铝箔屏蔽的双绞线FTP，带宽较大、抗干扰性能强，具有低烟无卤的特点。相对的，屏蔽线比非屏蔽线价格及安装成本要高一些，线缆弯曲性能稍差。6类线及之前的屏蔽系统多采用这种形式。

独立屏蔽双绞线STP，每一对线都有一个铝箔屏蔽层，四对线合在一起还有一个公共的金属编织屏蔽层，这是7类线的标准结构。它适用于高速网络的应用，提供高度保密的传输，支持未来的新型应用，有助于统一当前网络应用的布线平台，使得从电子邮件到多媒体视频的各种信息，都可以在同一套高速系统中传输。

独立屏蔽双绞线（STP）和铝箔屏蔽双绞线（FTP）有时用在串音和EMI等问题相当严重的场合。

屏蔽双绞线需要一层金属箔即覆盖层把电缆中的每对线包起来，有时候利用另一覆盖层把多对电缆中的各对线包起来或利用金属屏蔽层取代这层包在外面的金属箔。覆盖层和屏蔽层有助于吸收环境干扰，并将其导入地下以消除这种干扰。这意味着金属箔和屏蔽层在焊接时必须与焊接导体时同样小心，而且确保导入地下的机制安全可靠。STP和FTP的成本高得多，而且安装过程难得多。为6类和7类线新开发的高速LAN电缆标准是这种高性能铜线方案的例子。

（2）同轴电缆

与UTP相比，同轴电缆含有线规较粗的单层实心导体。导体一般由铜或覆以铜的铝制成。中间的导体外面覆以一层绝缘材料，这有助于把中间的导体和外面的金属箔屏蔽层隔开来，这种绝缘材料有助于把传输数据的导体与屏蔽层隔离开来。外面通常会包一层金属网、再包一层电缆护皮加以保护。中间粗粗的导体可支持高频信号，几乎不会出现困扰UTP及其同类电缆的信号衰减问题。

有线电视系统传统上使用同轴线支持高达500 – 750MHz的信号，传输距离相当远。信号通常被细分成6MHz的频率信道，用于下行电视传输。当前的系统还越来越多地划分不同带宽的信道，以实现双向数据甚至语音传输。

同轴电缆传输系统目前在国内外有线电视网络仍占有主要地位。

（3）光纤

光导纤维简称光纤。光纤是细如头发般的透明玻璃丝，可用来传导光信号。光纤由纤芯和包层组成。由于纤芯的折射率大于包层的折射率，故光波在界面上形成全反射，使光只能在纤芯中传播，实现通信。

光纤按组成成分来分，有以SiO_2为主要成分的石英纤维，有多种组分的多组分纤维，有以塑料为材料的塑料纤维等。

2.辐射型介质

辐射型介质并不利用导体。确切地说，信号完全通过空间从发射器发射到接收器。辐射介质有时被称为无线电波系统，更正确地说是空间波或自由空间系统。只要发射器和接收器之间有空气，就会导致信号减弱及失真。

在广泛适用的辐射传输系统这一类当中，无线电系统最常见，我们着重介绍微波和卫星。

（1）微波

所谓微波是指频率大过于1GHz的电波。如果应用较小的发射功率（约一瓦）配合定向高增益微波天线，再于每隔10–50英里（约为16–80KM）的距离设置一个中继站就可以架构起微波通信系统。数字微波设备所接收与传送的是数字信号，数字微波采用正交调幅（QAM）或移相键送（PSK）等调幅方式，传送语音、数据或是影像等数字信号。与模拟微波比较起来，数字

微波具有较佳的通信品质，而且在长距离的传送过程中比较不会有杂音累积。

微波传播的类型可分为两种，一是自由空间传播（Free Space Transmission），另一种则是视线传播。

（2）卫星

卫星其实就是非地面微波，有些情形下工作在与地面系统同一频率范围上。常见的卫星系统就是同步地球轨道（GEO），GEO始终处在赤道正上方的位置上，高度大约为22300英里。在这样的位置及高度，卫星与地球表面总是保持相对位置。

近地轨道（LEO）卫星处在非赤道轨道上，高度也低得多。中间地球轨道（MEO）卫星的高度介于两者之间，在这样的轨道和高度，LEO和MEO无法保持各自的相对位置。相反，它们绕着地球高速旋转，非常类似电子绕着原子核高速旋转。

卫星在多种轨道中提供通信，使人们之间进行有效的沟通联络。各种普通的卫星通信业务包括电话、电视广播、数据接收与分发、直播电视、灾害预警、气象监测、航空器跟踪和指令、星际链路、邮件传递、互联网接入、数据采集、GPS定位和定时、移动车辆跟踪等。卫星通信网络可能是推动社会各个领域发生变化的介质。为有助于把通信网络迅速延伸到人迹罕至和偏远地点，除传统的地面链路、光纤链路外，卫星通信将起着举足轻重的作用。

在未来的社会生活中，最常见的通信方式是移动个人通信，即用户在任何地点、任何时间，与他人交换各种信息，如话音、数据、视频和图像。构成这种移动通信的基础的关键要素是小型廉价的手持式通信机，且使用不受地点、地界束缚的单一电话号码。因此，也可以这样认为，未来的通信将以移动个人通信业务为主，总体系统设计将围绕卫星通信进行。

卫星具有诸多优点，包括覆盖区域（footprint）广泛。由于处在如此高的高度，它们所能发射及接收信号的范围很大。因此，卫星在点对多点和广播应用具有很大优势。

然而与所有微波系统一样，卫星的性能随天气的变化而有所不同。传播延迟是卫星的一大问题，因为信号要在发射器和接收器之间通过长达45000英里的距离，所以即使以光速传输，也需要一段时间。

（3）红外线

红外线及其他自由空间光学系统用于短程应用，在可以获

得直接视线的场合最有效。一些 WLAN 利用红外线,不过大多数基于射频。基于红外线的 WLL 系统运行速率可达 622Mbps,不过当前这类系统不是很常见。

红外线主要用于无法快速或经济地获得有线连接这类情形下的 LAN 桥接。用于 WLL 应用的红外系统正在开发中。

3.传导型介质与辐射型介质的比较

就最基本方面而言,传导系统与辐射系统有着明显区别。

传导系统使用绝缘和覆盖材料(有时是屏蔽层)包起来的导体。因此,不会受外部因素如 EMI 和水汽的干扰。如果绝缘、覆盖和屏蔽材料没有受到钉子、老鼠、挖土机、打桩机或其他破坏工具的损坏,一旦合理安装,预计传导系统就会正常工作。

合理安装意味着要获得地方政府的批准、挖沟、埋管道以铺设电缆(在不同点进行焊接)、设置检修孔、将当地电力输送到放大器和中继器、安放交叉连接设备等。此外,架空系统需要立杆、架设电缆,这比铺埋设备来得快速、方便,但仍然耗时长、成本高。

辐射系统的部署常常速度快得多、成本低得多。要为发射及接收天线获得许可权以及或者屋顶架设权,但相关的成本、难度和耗时常常比传导系统低得多。

卫星需要难度更大、成本更高的部署过程,但对一系列特殊应用而言它具有优点。辐射系统存在几大问题:

首先,视线总是更可取,而且常常是必需的。

其次,无线电波的质量会因天气出现很大变化,天气对传输性能具有重大影响,完全不受人的控制。

第三,射频频谱资源有限、远远供过于求、受到严格管制、获得成本非常高。

有些系统所用的免许可证频谱随处可得,但与其他系统和用户共享。当然,辐射系统的一大优点是不用线缆,因而大大简化了配置和重新配置。其实,辐射系统具有高度便携性。蜂窝、传呼和各种无线系统也具有移动性优点,有线系统根本不具备这点。

网络的信息依靠传输介质来承载,网络的发展离不开传输介质的发展。在网络高速发展的今天,我们应该高度重视传输介质的研究,同时在组网时我们应该认真比较和论证,以确定适合自己网络的传输介质。

六、网络常见的传输协议及网络接收

一台计算机只有在遵守网络协议的前提下,才能在网络上与其他计算机进行正常的通信。网络协议通常被分为几个层次,每层完成自己单独的功能。通信双方只有在共同的层次间才能相互联系。常见的协议有:TCP/IP 协议、IPX/SPX 协议、NetBEUI 协议等。在局域网中用的比较多的是 IPX/SPX.。用户如果访问 Internet,则必须在网络协议中添加 TCP/IP 协议。

TCP/IP 是 "transmission Control Protocol/Internet Protocol" 的简写,中文译名为传输控制协议/互联网络协议,TCP/IP(传输控制协议/网间协议)是一种网络通信协议,它规范了网络上的所有通信设备,尤其是一个主机与另一个主机之间的数据往来格式以及传送方式。TCP/IP 是 INTERNET 的基础协议,也是一种电脑数据打包和寻址的标准方法。在数据传送中,可以形象地理解为有两个信封,TCP 和 IP 就像是信封,要传递的信息被划分成若干段,每一段塞入一个 TCP 信封,并在该信封面上记录有分段号的信息,再将 TCP 信封塞入 IP 大信封,发送上网。在接受端,一个 TCP 软件包收集信封,抽出数据,按发送前的顺序还原,并加以校验,若发现差错,TCP 将会要求重发。因此,TCP/IP 在 INTERNET 中几乎可以无差错地传送数据。对普通用户来说,并不需要了解网络协议的整个结构,仅需了解 IP 的地址格式,即可与世界各地进行网络通信。

IPX/SPX 是基于施乐的 XEROX'S Network System(XNS)协议,而 SPX 是基于施乐的 XEROX'S SPP(Sequenced Packet Protocol:顺序包协议)协议,它们都是由 novell 公司开发出来应用于局域网的一种高速协议。它和 TCP/IP 的一个显著不同就是它不使用 ip 地址,而是使用网卡的物理地址即(MAC)地址。在实际使用中,它基本不需要什么设置,装上就可以使用了。由于其在网络普及初期发挥了巨大的作用,所以得到了很多厂商的支持,包括 microsoft 等,到现在很多软件和硬件也均支持这种协议。

NetBEUI 即 NetBios Enhanced User Interface,或 NetBios 增强用户接口。它是 NetBIOS 协议的增强版本,曾被许多操作系统采用,例如 Windows for Workgroup、Win 9x 系列、Windows NT 等。NETBEUI 协议在许多情形下很有用,是 WINDOWS98 之前的操作系统的缺省协议。总之 NetBEUI 协议是一种短小精悍、通信效率高的广播型协议，安装后不需要进行设置，特别适合于在"网络邻居"传送数据。所以建议除了TCP/IP协议之外，局域网的计算机最好也安上NetBEUI协议。另外还有一点要注意，如果一台只装了TCP/IP协议的WINDOWS98机器要想加入到WINNT域，也必须安装NetBEUI协议。

WAPI是WLAN Authentication and Privacy Infrastructure的英文缩写。它像红外线、蓝牙、GPRS、CDMA1X等协议一样，是无线传输协议的一种，只不过跟它们不同的是它是无线局域网(WLAN)中的一种传输协议而已，它与现行的802.11B传输协议比较相近。

网络接收是指网络受众在网络终端阅览信息或下载到自己终端中保存使用。

思考题

1.网络原理是什么？

2.网络地址的作用是什么？

第三节　网络设计作品的上传、下载和展示

一、网络设计作品的上传

首先，需要有自己的网页空间，可以到空间提供商那里去租用，也有一些免费的，然后，根据空间提供的ftp地址，用ftp传输软件就可以将要用的网页传到空间上，然后根据空间提供的域名就可以访问上传的网页了，网页中当然包含设计过的图像、文字、影音文件、底纹等等。

二、FTP的原理

FTP是一种网络上的文件传输协议，FTP主要包括文件的上传和下载，下载软件很常用。我们以CuteFTP为例介绍网页的上传：安装CuteFTP，到www.cuteftp.com下载一个最新版本，解压缩后，运行Setup．

安装结束，运行CuteFTP，出现一个Site Manager (FTP站设定)窗口。点击[Add folder]，输入文件夹名，建立一个自己的FTP文件夹，如：MyFTP。点中MyFTP文件夹，点击[Add site]，

加入一个主机站（这个站就是我们要将网页上传的地方）。出现下图：(图1-12)

在此窗口中，设定要上传主机详细资料。

A．Site Label：给你的FTP标签起个名，如"清风网上家园"（随便填），这样下次再进入CuteFTP时，直接选取"清风网上家

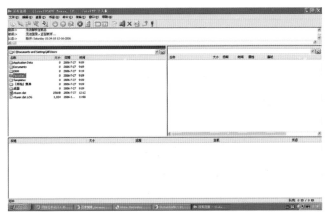

图1-12

园"就可以直接联到网页服务器上。

B．Host Address：填上要联接FTP服务器的主机名，即你申请的免费域名，如yourname.163.net。注意：填写时，主机名前不要加上"ftp://"和"http://"这些都是无法执行的。

C．User ID：在此填写你申请的用户名。

D．Password：填入密码。某些网站密码是用E-mail给的。

E．Login Type：登录方式，一般选"Normal"。

F．Transfer Type：传输模式，一般应选择"Auto-Detect"（自行侦测）这一项。

G．一般选"Auto-Detect"。

H．设置服务器的路径(存放网页的路径及目录)，可以先不设。

I.设置网页在电脑中的路径。

设置好点击[确定]。在出现的界面中选中"清风网上家园"，点击[Connect]联接。

联接服务器后，上传操作和Windows的文件管理器极其相似。在左侧窗口选中自己做好的网页，右侧窗口选好网页／图片在网络服务器上的目录位置，接着点击工具栏中的[上传]按钮(图1-13)。

图1-13

三、其他上传软件

很多上传软件同时也具备了强大的下载功能

1．Internet Download Manager v5.06 Beta

下载地址：http://www.mycodes.net/soft/3063.htm

特点：提升下载速度最多达 5 倍，安排下载时程，或续传一半的软件。续传功能可以恢复因为断线、网络问题、计算机当机甚至无预警的停电导致下传到一半的软件。此程序具有动态档案分割、多重下载点技术，而且它会重复使用现有的联机，而不需再重新联机登入一遍。in-speed 技术会动态地将所有设定应用到某种联机类型，以充分利用下载速度。支持下载队列、防火墙、代理服务器和映摄服务器、重新导向、cookies、需要验证的目录，以及各种不同的服务器平台。此程序紧密地与任何浏览器结合，自动地处理下载需求。此程序还具有下载逻辑最佳化功能、检查病毒，以及多种偏好设定。

2．FlashFXP v3.4.1 Beta 1154

下载地址：http://www.mycodes.net/soft/9617.htm

特点：FlashFXP 是一个功能强大的 FXP/FTP 软件，融合了一些其他优秀 FTP 软件的优点，如像 CuteFTP 一样可以比较文件夹，支持彩色文字显示；像 BpFTP 支持多文件夹选择文件，能够缓存文件夹；像 LeapFTP 一样的外观界面，甚至设计思路也相仿。支持文件夹(带子文件夹)的文件传送、删除；支持上传、下载及第三方文件续传；可以跳过指定的文件类型，只传送需要的文件；可以自定义不同文件类型的显示颜色；可以

缓存远端文件夹列表，支持 FTP 代理及 Socks 3&4；具有避免空闲功能，防止被站点踢出；可以显示或隐藏"隐藏"属性的文件、文件夹；支持每个站点使用被动模式等。

3．铭扬极速FTP v1.97

下载地址：http://www.mycodes.net/soft/6775.htm

特点：是一款小巧的FTP客户端软件，您只需利用鼠标拖曳即可上传或下载文件，速度极快，操作简洁明了。

4．雷达Rad_FTP v1.3.8

下载地址：http://www.mycodes.net/soft/7696.htm

特点：可实现定时FTP上传下载、定时拷贝文件、定时移动文件、定时重命名文件、定时删除文件以及相关的计划任务功能的专业工具软件。

5．TOTOFTP v2.37

下载地址：http://www.mycodes.net/soft/6973.htm

特点：TOTO FTP 是一款国产的功能强大而又简单易用的FTP工具软件。它集成了国外Cute FTP和FlashFXP两款软件的优点，并在两者基础上，具有了更好的易用性和实用性(图1-14)。

四、下载原理

一般来讲，下载是把文件由服务器端传送到客户端，例如FTP，HTTP，PUB等等。工作原理如图1-15。

随着用户的增多，对带宽的要求也会随之增多，所以用户

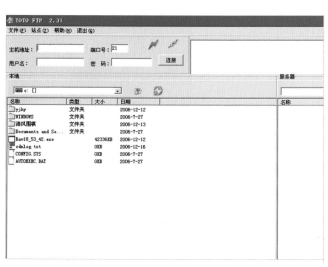

图1-14

过多就会造成瓶颈，而且还可能会把服务器挂掉，所以很多的服务器都有用户人数的限制，下载速度的限制，这样就给用户造成了诸多的不便。但BT就不同，用BT下载反而是用户越多，下载越快，就是因为BT用的是一种传销的方式来达到共享的，工作原理如图1—16。

BT首先在上传者端把一个文件分成了Z个部分，甲在服务器随机下载了第N个部分，乙在服务器随机下载了第M个部分，这样甲的BT就会根据情况到乙的电脑上去拿乙已经下载好的M部分，乙的BT就会根据情况去到甲的电脑上去拿甲已经下载好的N部分，这样就不但减轻了服务器端的负荷，也加快了用户方

(甲乙)的下载速度，效率也提高了，更同样减少了地域之间的限制。比如说丙要连到服务器去下载的话可能才几K，但是要是到甲和乙的电脑上去拿就快得多了。所以说用的人越多，下载的人越多，大家也就越快，BT的优越性就在这里。而且，在你下载的同时，你也在上传（别人从你的电脑上拿那个文件的某个部分），所以说在享受别人提供的下载的同时，你也在贡献。

下载软件介绍：

1.BitTorrent

BitTorrent是一个多点下载的源码公开的P2P软件，使用非常方便，就像一个浏览器插件，很适合新发布的热门下载。其特点简单地说就是：下载的人越多，速度越快。下载地址：http://www.bitcomet.com/index-zh.htm（图1—17）

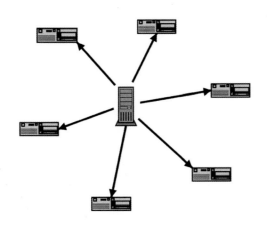

图1—15

图1—17

2.网际快车(FlashGet)

网际快车(FlashGet) V1.80，下载的最大问题是速度，其次是下载后的管理.快车(FlashGet)就是为解决这两个问题所写的，通过把一个文件分成几个部分并且可从不同的站点同时下载可以成倍的提高速度，下载速度可以提高100%到500%。快车可以创建不限数目的类别，每个类别指定单独的文件目录，不同的类别保存到不同的目录中去，强大的管理功能包括支持拖曳，添加描述，更名，查找，文件名重复时可自动重命名等等。而且下载前后均可轻易管理文件。

快车(FlashGet)功能介绍：

（1）最多可把一个软件分成10个部分同时下载,而且最多可以设定8个下载任务。通过多线程、断点续传、镜像等技术最大限度地提高下载速度。

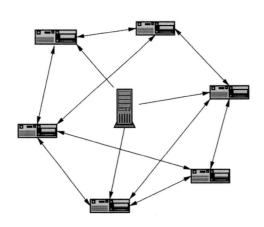

图1—16

（2）支持镜像功能（多地址下载）—— 通常网站对下载的文件，都会列出好几个地址（即文件分布在不同的站点上），只要文件大小相同，本软件就可同时连接多个站点并选择较快的站点下载该文件。优点在于保证更快的下载速度，即使某站点断线或错误，都不会影响。一个任务可支持不限数目的镜像站点地址，并且可通过Ftp Search自动查找镜像站点。

（3）可创建不同的类别,把下载的软件分门别类的存放。强大的管理功能包括支持拖曳，更名，添加描述，查找，文件名重复时可自动重命名等等。

（4）可管理以前下载文件。

（5）可检查文件是否更新或重新下载。

（6）支持自动拨号，下载完毕可自动挂断和关机。

（7）充分支持代理服务器。

（8）可定制工具条和下载信息的显示。

（9）下载的任务可排序，重要文件可提前下载

（10）多语种界面，支持包括中文在内的十几种语言界面，并且可随时切换。

（11）计划下载,避开网络使用高峰时间或者在网络费较便宜的时段下载。

（12）捕获浏览器点击,完全支持IE和Netscape。

（13）速度限制功能，方便浏览。

（14）支持BT下载;

（15）兼容Vista系统。

下载地址：http://www.skycn.com/soft/879.html# （图1-18）

3.电驴 (eMule 0.47c VeryCD Build 1215)

eMule 0.47c VeryCD Build 1215下载工具，俗称电骡子，是一种高效的P2P资源共享软件;PP骡子软件拥有全球最大的共享网络资源，在这里几乎所有的电影、音乐、小说、图片资源都能找到踪迹。利用他的卓越特性，我们可以与全世界的网友共同分享资源，充分享受自由共享的乐趣！PP骡子软件采用最先

20

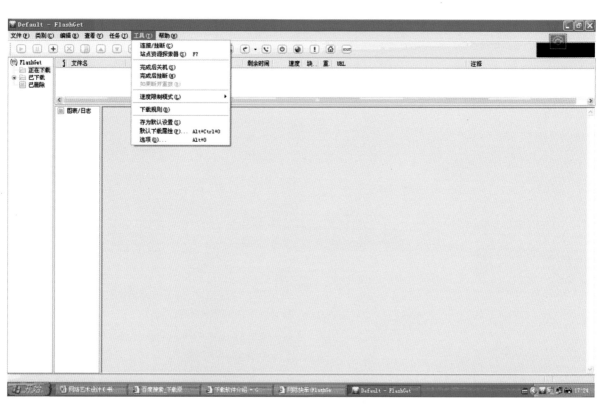

图1-18　网际快车(FlashGet)的软件界面

进的 P2P 技术开发，集合了全国所有的 eMule 和 BT 资源。

PP 骡子软件小巧精悍，功能强大，对 eMule 和 BT 内核做了大量的优化和改进，是目前消耗电脑资源最少，性能最稳定，容量最小的一款 P2P 软件。

下载地址：http://www.emule.org.cn/download/

4. Thunder 迅雷

Thunder 迅雷，"光速般"的智能下载软件——迅雷。迅雷拥有比目前用户常用的下载软件快 7—10 倍的下载速度，它是一款基于 P2SP 技术的下载工具，能够有效降低的死链比例，也就是说这个链接如果是死链，迅雷会搜索到其他链接来下载所需用的文件；支持多结点断点续传；支持不同的下载速率；同时迅雷还可以智能分析出哪个节点上上传速度最快。

下载地址：http://www.xunlei.com/

迅雷 v5.5.2.252

迅雷使用的多资源超线程技术基于网络原理，能够将网络上存在的服务器和计算机资源进行有效的整合，构成独特的迅雷网络，通过迅雷网络各种数据文件能够以最快的速度进行传递。

多资源超线程技术还具有互联网下载负载均衡功能，在不降低用户体验的前提下，迅雷网络可以对服务器资源进行均衡，有效降低了服务器负载。

下载地址：http://www.xunlei.com/ （图 1—19）

五、下载图标样式

迅雷（图 1—20） 网际快车（图 1—21） 电驴（图 1—22） Bit（图 1—23）

图 1—20

图 1—22

图 1—21

图 1—23

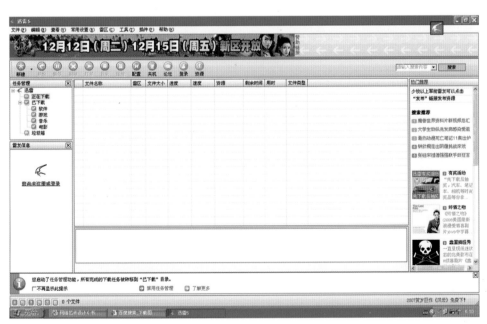

图 1—19 迅雷 v5.5.2.252 的软件界面

六、网络展示原理

网络展示就是在网页设计软件中艺术化的加入文字内容，插入图片，置入影音文件，依次建立链接，让观众通过点击链接来打开所要看的内容，然后将这些设计好的网页上传到服务器中，那样地球任何一台在网的计算机都可以浏览我们的网络展示了。

1.图片展示

图片展示有条理，按照目录，大小协调统一，尽量追求色调一致（图1—24）。

图1—24

2.声音展示

是将声音文件按照一定的排列方式展列于网页之上，观众可以有选择的试听（图1—25）。

图1—25

3.三维立体展示

三维立体展示是指用立体的手段，全方位、多角度的展示事物（图1—26、图1—27）。

图1—26

图1—27

（1）三维网页

三维立体的交互式网页我们称为三维网页，它是能够在线实时访问的三维虚拟环境。该环境提供了同二维网页相等或相似品质和数量的静态甚至动态的网络资源，可以实现如参观旅游、网上聊天和购物等行为。从技术层面来解释，也可以把它理解为基于web 3D技术的网页形式。

无论网页的形式是二维还是三维，一旦把它显示到电脑屏幕中，网页就已经平面化了。所以二维和三维网页的不同在于访问方式，因为任何网页都必须借助键盘鼠标或其他感应设备通过浏览器来访问和产生交互。两者的本质区别在于它们所依赖两种不同的网页构造语言。

（2）三维网页的主要技术

Flash 技术

Macromedia的Flash技术已经牢牢占据了当今网页三维技术的主流。Flash越来越得到了大众的广泛支持，进而发展成为网页中的重要构成元素。目前，Flash能够实现的效果更为丰富，它的出现极大地满足了互联网的资源环境。通过编写Java或Flash自身的Action script，Flash作品可以模仿许多三维立体效果。并且由于Flash技术具有统一的格式标准，很多软件如Swift 3D、3D Flash Animator甚至After Effects都可以直接导出Flash文件格式。当然，Flash所提供的作品仅仅是网页三维特效而已，体现的是创作的思维是艺术层面的东西。它无法给网站访问者提供一个真实的三维交互环境。所以，使用Flash特效的网页还不能算是真正意义上的三维网页。

Web 3D 技术

Web 3D技术才真正代表了三维网页的发展方向。我们所涉及的三维网页指的是使用Web 3D技术的网页。现在的绝大部分网页其实是由HTML标记所组成的具有超链接的文本。HTML当初建立的初衷仅是满足网络传输之用，而现在VRML的产生则解决了在网络上构建三维世界的问题。VRML的全称为 Virtual Reality Modeling Language，它是Internet上基于WWW的具有交互性的虚拟现实建模语言，是HTML的三维模拟。

Web 3D可以理解为基于网络的3D图形渲染技术。X3D、Cult 3D、Viewpoint和Virtools等是目前具有代表性的几种Web 3D技术。Web 3D的巨大前景使得Macromedia也不失时机地在它的另一个网络播放器Shockwave中加入了Shockwave 3D以便与其他技术同台竞技。

Web 3D与虚拟现实技术有着直接的联系，因为本身是虚拟现实技术在网络中的应用。虚拟现实（Virtual Reality，简称VR），简单地说就是利用计算机生成的虚拟环境，用户通过传感设备实现与该环境的直接交互。由于目前的虚拟现实技术主要有两种实现方法，直接导致产生了两类不同的Web 3D软件。一类如Cult 3D，Virtools，此类软件需要同3D Max等三维建模软件配合使用，是基于几何体网格建模的虚拟现实技术；另一类如Quick time VR和MGI PhotoVista等软件则是通过拍摄真实世界，通过拼接柱形或球形的全景图来完成，是基于图像绘制的虚拟现实技术。

Web 3D 技术的应用现状

Web 3D技术目前主要应用于网络游戏、博物馆网站和商业网站中。其中基于图像绘制的全景图技术应用最为广泛。因为制作起来相对比较方便，效果也真实。国内著名的全景环视网专门致力于把全景摄影应用于网上的三维展示领域，取得了较大的影响。而今已经有相当一部分网页设计公司开设了三维全景制作业务，初步显示了三维网页的巨大魅力。但是由于全景图是采用定点环拍来制作，所以全景图形式的虚拟作品不能够实现真正的场景漫游，交互性也比较差。同时由于使用了大量的贴图，网络传输的速度不免会受到影响。而基于几何体三维建模的Web 3D技术对在实现在线漫游和展示方面具有更强的交互性和临场感。

Web 3D在技术上使得目前文本和图像级别的虚拟社区开始向三维场景级别的虚拟社区转变。可以说虚拟社区是Web 3D技术另一个主要的应用领域。著名的3D虚拟社区Cybertown使用Blaxxun的虚拟现实解决方案搭建而成，整个Cybertown网站如同一座未来城市，各种机构一应俱全。Cybertown的注册用户（居民）可以选择或自绘3D图像作为自己的虚拟化身并在它所提供的200多个的虚拟三维场景中相互交谈、娱乐以及虚拟购物。

（3）三维网页的基本特征

三维网页以实现三维场景漫游为基本特征。

三维网页注定要在浏览器中实现三维世界。三维网页能够实现的最基本功能就三维环境目前来讲有三维物体的360°展示、全景环视、第一或第三视角的漫游等形式。

三维网页需要在场景漫游的基础上实现互动设计。

与二维网页的超文本属性相似，三维网页可以实现空间与空间的转换。而这种可转换的空间既可以是同时间的，也可以超越时间的局限。简单的网络三维环境能通过点击三维环境中的某一个特定物体或区域，实现运动，显示针对某事件的文字说明或文本链接，以及实现该环境与外部站点的链接等功能。VRML的锚点功能以及Quick time VR的热点技术即是用来实现上述功能。高级的互动设计需要借助更为复杂的程序编写或功能强大的图形化软件来实现，比如在线的信息发布与交谈、在线订单等。

（4）三维页面需要与二维页面互为补充

由于三维网页目前还并不适用于所有的领域，所以二维网页的形式在以三维世界为特征的网络中很可能会保留一席之地，因为目前客户对网络三维的需求度还不高。而且二维网页的读写方式在某些情况下更简单、更方便。

由于二维网页的可读性较强，对于一些仅提供数据资料和新闻信息的网站，二维形式的网页已经足够用了。而三维网页具有很强的娱乐性和交互性，更适合虚拟博物馆、网上商店以及网络游戏领域；当然，二维和三维两种技术也可能同时嵌入到一个页面中，互为补充。

（5）声音、影像和动画成为交互性的多媒体因素

声音、影像和动画因素在三维网页中必不可少。因为三维网页是使用虚拟现实技术模仿真实世界的。

在三维网页中的影音、动画是实时渲染的，因而具有交互性的特点。二维网页的声效是单调的、装饰性的，或者说是既定的、不可更改的。而三维网页中的声效则是立体的、随机的，有些特定的场景还可能会强调声效的真实感。在三维场景中，动态视频影像仍然是不可或缺的媒体要素，以MPEG—4为代表的交互式媒体流技术会得到更大的发展。例如目前全景视频已经成为全景图技术发展的方向。

可以说二维网页中的动画是被动的，那么三维网页中的动画则是主动的。与传统动画所不同的是，三维网页中的场景动画是互动式的动画，需要人的参与共同完成。

（6）三维网页更加强调艺术设计的重要性

三维网页人气的提高，在互动性下工夫的同时，也必须着力提高场景设计的美感和艺术氛围的营造。不能够忽视设计师的设计品位给虚拟环境带来的变化。在网络带宽相对较低的条件下，一个极具艺术感染力的三维网页作品一定会赢得众多的来访者，反之则难以调动访问者的积极性。

三维网页的艺术设计同样带有一个现实问题，就是web 3D技术目前还是程序设计师的专利，而此类人员又缺乏必要的艺术修养，我们需要三维设计师与程序设计师的通力协作来完成伟大的设计制作，这也是未来的发展趋势。同时也对网页设计者在技术上提出了更高的要求。

（7）三维网页设计的前景

三维网页的特点是足够引人注目，但它的发展却有一定的困难。客观原因是因为基于Web 3D技术的网页对网络带宽的要求很高，目前的硬件条件还无法解决高品质的在线三维网页作品。还有Web 3D技术的商业化还远未形成，缺乏足够的市场条件刺激这一技术的发展。主观原因是由于目前Web 3D技术缺乏统一标准，各种技术的持有者和软件厂商各自为政，互不联系，导致这一技术发展步履维艰。用户客户端必须安装足够数量的插件，才能访问使用不同技术的站点。这使得Web 3D技术在网络中的应用受到极大的限制。再有设计师们显然还没有做好这方面的准备，刚学会"HTML"的网络艺术家马上又要面对"VRML"的挑战，困难程度可想而知。因此三维网页设计的成熟期还需要时间。

随着技术的进步和商业的推广，三维网页必将成为网页的重要表现形式并得到广泛的应用。

思考题：
1.网络中上传下载的软件有哪些？
2.三维网页的特点是什么？

第四节　网页

一、什么是网页

网页的学名称做HTML文件，是一种可以在www网上传输，并被浏览器认识和翻译成页面显示出来的文件。

www是"world wide web"的缩写；HTML的意思则是"Hypertext Markup Language"，中文翻译为"超文本标记语言"。"超文本"就是指页面内可以包含图片、链接，甚至音乐、程序等非文字的元素。

网页就是由HTML语言编写出来的。

二、编写网页页面共有三种方法

1.手工直接编写。使用记事本程序即可编制出HTML网页。

2.使用可视化的HTML编辑软件，如Frontpage、Dreamweaver等。

3.通过编写程序，由Web服务器一方实时动态的生成网页页面。这属于动态网页的制作。

HTML 语言发展很快，已经历经HTML1.0,HTML2.0, HTML3.0,HTMI4.0多个版本，现在HTMI5.0正在测试，同时 DHTML（动态），VHTML（虚拟），SHTML 等也飞速发展。我们 现在一般只要掌握 HTML4.0 就可以了。

在网页上点击鼠标右键，选择菜单中的 " 查看源文件 "， 就可以通过记事本看到网页的实际内容。可以看到，网页实际上只 是一个纯文本文件，它通过各式各样的标记对页面上的文字、图 片、表格、声音等元素进行描述（例如字体、颜色、大小），而浏 览器则对这些标记进行解释并生成页面，于是就得到你现在所看到 的画面。文字与图片是构成一个网页的两个最基本的元素。你可以 简单地理解为：文字，就是网页的内容，图片，就是网页的美观。 除此之外，网页的元素还包括动画、音乐、程序等等。

使用记事本程序编制出HTML的网页（图1-28、图1-29）。

图1-28

```
<!DOCTYPE HTML PUBLIC "-//W3C//DTD HTML 4.0 Transitional//EN">
<!-- saved from url=(0034)http://www.leyou.com/home/shopping -->
<HTML><HEAD><TITLE>乐友儿童用品网上专卖店首页</TITLE>
<SCRIPT language=JavaScript>
<!--

function isMoreThanMinQty(frm, minQty)
{
        if (frm.add_quan.value<minQty) {
                alert('请输入不小于1的订购数量');
                frm.add_quan.focus();
                frm.add_quan.select();
                return false;
        }
        return true;
}

//-->
</SCRIPT>
```

图1-29

思考题

1.什么是网页?

2.编写网页的方法有哪些?

第五节　网站

一、什么是网站

网站（Web Site）在互联网络上包含访问者可以通过浏览器查看的HTML文档的场所，网站宿主于服务器上。这样就包括具备独立服务器、独立IP地址等等复杂的大型网站形式，也包括了虚拟主机或者是具备鲜明主题的HomePage等等简单的形式。可以说网站就是在互联网上一块固定的面向全世界发布消息的地方。它由域名（也就是网站地址）和网站空间构成。衡量一个网站的性能通常从网站空间大小、网站位置、网站连接速度、网站软件配置、网站提供服务等几方面考虑。如果将一个网站类比为一栋房屋或许更容易理解一些（图1-30）。

二、网站的分类

网站的分类很复杂，可以说在自然科学和社会科学中存在的学科，在网站中就可能存在它的影子，在中文上网门户网站3721（www.3721.com）的网站分类导航栏目里，它划分出了：新闻资讯、影音动漫、金融证券、游乐园地等等。虽然网站分类复杂，但是每个网站都有它特定的主题，我们对网站的设计是依照其主题展开的（图1-31）。

图1-31

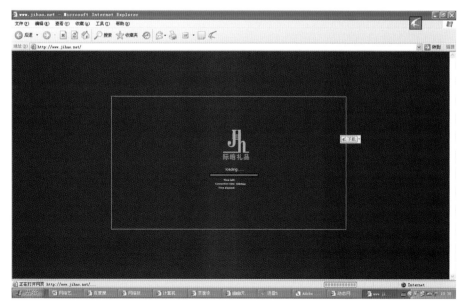

图1-30

思考题

1.什么是网站？

2.如何理解网站的分类？

网络艺术设计基础
网页设计
网站设计
网络其他设计

CHAPTER 2

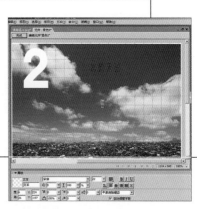

网 络 艺 术 设 计

本章要点

- 网络艺术设计的方法
- 网络艺术设计的原则
- 网页构图原理
- 网页配色依据、原理
- 网页主题设计
- 网站设计经验
- 网络广告设计方式
- 网络视频格式

第二章　网络艺术设计

第一节　网络艺术设计基础

一、网络艺术设计的概念

1. 网络艺术设计的概念

[网]络艺术设计的概念比较新颖，网络艺术设计是以网页艺术设计为表现形式的，包含色彩、文字、图形图像、声效等元素的艺术设计，由众多网页构成网站，还包括了网站的整体艺术策划设计。

吕永杰同志在他的著作《精美网页设计与产品全景演示》(北京希望电子出版社2002.9) 一书中提到网络艺术设计，其中章节如下：

不难看出网络艺术设计是与平面设计紧密相连的，包含了三维动画图像、色彩艺术、文字编排设计、构图原理等要素。

2. 网络艺术设计与其他门类设计的关系

网络艺术设计是新兴的设计门类，是随着互联网在世界的普及而兴起的，它结合了传统的平面设计、影视设计、动画设计、声效设计等艺术设计门类，又具有独特性，如：交互、多变等。

3. 网络艺术设计的特殊性

网络艺术设计是伴随着计算机互联网络的产生而形成的视听设计新课题，是以网络设计者所能获取的技术和艺术经验为基础的，依照设计目的和要求自觉地对网络的构成元素进行艺术规划的创造性思维活动，它不只是关于网络版式编排的技巧与方法，它更是一种技能，更是艺术与技术的高度统一。

网络艺术设计的重要体现在于网页的设计，它的特殊性表现如下：

(1) 丰富的视听元素

文本、背景、按钮、图标、图像、表格、颜色、导航工具、背景音乐、动态影像等即我们所说的视听元素。无论是文字、图形、动画，还是音频、视频，我们都要考虑如何以感人的形式把它们放进页面里。多媒体技术的运用则大大丰富了网络艺术设计的表现力和感染力。

(2) 排版设计的多变性

网络的版式设计是在有限的屏幕空间上将视听多媒体元素进行合理的排列组合，将理性思维个性化的表现出来，是一种具有个人风格和艺术特色的视听传达方式。它在传达信息的同时，也产生感官上的美感和精神上的享受。

（3）高度的综合表现力

网络要主题鲜明，按照视觉心理规律和形式将主题主动地传达给观赏者。要表达出一定的意图和要求以及诉求的目的，使主题在适当的环境里被人们理解和接受，满足人们的实用要求，所以设计在单纯、简练、清晰和精确的基础上，还需要强调一定的艺术性，并且要注重通过独特的风格和强烈的视觉冲击力，来鲜明地表现出思想主题。

网络艺术设计的目的是达到最佳的主题诉求效果，使之具有高度的综合表现力。

4．网络艺术设计的特点

（1）交互性与持续性

网络不同于传统媒体之处在于信息的动态更新和即时的交互性。即时的交互性是 Web 成为热点的主要原因，也是网络设计时必须考虑的问题。传统媒体（如广播、电视节目、报刊杂志等）都以线性方式提供信息，即按照信息提供者的感觉、体验和事先确定的格式来传播。在 Web 环境下，人们是以一个主动参与者的身份加入到信息的加工处理和发布之中而不再是一个传统媒体方式的被动接受者。这种持续的交互，使网络设计人员必须根据各个阶段的经营目标，以及用户的反馈信息，经常地对网络进行调整和修改以及系统的设计。

（2）多维性

多维性源于超级链接，集中体现在网络设计中对导航的设计上。由于超级链接的出现，网络的组织结构更加丰富，浏览者可以在各种主题之间自由跳转，从而打破了以前人们接收信息的线性方式。例如，可将网络的组织结构分为序列结构、层次结构、网状结构、复合结构等。设计者必须考虑快捷而完善的导航设计。

（3）多种媒体的综合性

文字、图像、声音、视频等都是目前网络中使用的多媒体视听元素，随着网络带宽的增加、芯片处理速度的提高以及跨平台的多媒体文件格式的推广，必将使得设计者需要综合运用多种媒体元素来设计网页，以满足和丰富浏览者对网络信息传输质量提出的更高要求。目前国内网页已经出现了模拟三维的操作界面，在数据压缩技术的改进和流（Stream）技术的推动下，Internet 网上出现实时的音频和视频服务，典型的有在线音乐、在线广播、网上电影、网上直播等。因此，多种媒体的综合运用是

网络艺术设计的特点之一，是未来的发展方向。

（4）版式的不可控性

网络版式设计与传统印刷版式设计有着极大的差异：

网络设计者不能像印刷品设计者可以指定使用的纸张和油墨那样要求浏览者使用什么样的电脑或浏览器；网络正处于不断发展之中，不像印刷那样基本具备了成熟的印刷标准；网络设计过程中有关 Web 的每一件事都可能时时发生变化。

所以，网络应用尚处在发展之中，关于网络的应用也很难在各个方面都制定出统一的标准，这必然导致网络版式设计的不可控制性。

（5）技术与艺术结合的紧密性

设计是主观和客观共同作用的结果，是在自由与不自由之间进行的。设计者不能超越自身已有经验和所处环境提供的客观条件限制，优秀设计者正是在掌握客观规律基础上得到了完全的自由，一种想象和创造的自由。网络技术主要表现为客观因素，艺术创意主要表现为主观因素，网络艺术设计者应该积极主动地掌握现有的各种网络技术规律，注重技术和艺术紧密结合，这样才能穷尽技术之长，实现艺术想象，满足浏览者对网络信息的高质量需求。

例如，浏览者欣赏一段音乐或电影，以前必须先将这段音乐或电影下载回本地机器，然后使用相应的程序来播放，由于音频或视频文件都比较大，需要较长的下载时间。流（Stream）技术出现以后，网络设计者充分、巧妙地应用此技术，让浏览者在下载过程中就可以欣赏这段音乐或电影，实现了实时的网上视频直播服务和在线欣赏音乐服务，无疑增强了网络传播信息的表现力和感染力。

网络技术与艺术创意的紧密结合，使网络的艺术设计由平面设计扩展到立体设计，由纯粹的视觉艺术扩展到空间听觉艺术，网络艺术效果不再近似于书籍或报刊杂志等印刷媒体，而更接近于电影或电视的观赏效果。技术发展促进了技术与艺术的紧密结合，把浏览者带入一个真正现实中的虚拟世界。

技术与艺术的紧密结合在网络艺术设计中体现得尤为突出。

二、网络艺术设计方式方法

1．脱机设计

在本地计算机上设计修改，完成作品后再上传到服务器，

网络艺术设计作品最终展现形式是上传到服务器上，供在网上的每个人观看，这种设计方式称为脱机设计。

2．联机设计

本地计算机连在网络中，通过本地计算机在服务器中直接设计修改网络艺术设计作品的方式，称为联机设计。

3．平面法设计

利用平面设计软件设计，例如：Adobe Photoshop、Adobe Illustrator、Fireworks MX、Corel Draw 等，因为这些平面设计软件形成的网络设计作品，同样可以上传到服务器上，供用户浏览。这种方式称为平面法设计。

4．立体法设计

立体法设计是指网络艺术设计作品使用三维立体软件设计制作，例如：3D Studio MAX、MAYA、Adobe Premiere。

5．综合设计

综合设计是指网络艺术设计作品是采用综合方式设计完成的，包括平面、立体、影视、音乐等方面的设计。

6．交互式设计

交互式设计是指人机配合、设计者与受众配合共同完成网络艺术设计，多指随机产生的艺术效果和论坛式观众不断丰富内容式设计。其中软件以Flash、 Director 为代表（图2-1）。

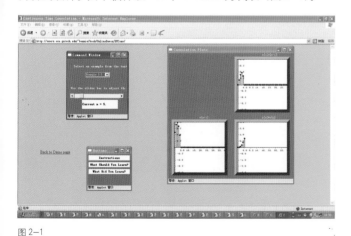

图2-1

三、网络作品设计原则

1．网络受众适应原则：

网络设计是有主题要求的，主题本身有针对性，即主题是有适用人群的，所以网络设计要适应受众，例如做儿童网站方面的设计，那么设计要要适应儿童心理特点（图2-2）。

图2-2

2．特色原则：

在同类网站中，设计要有区别与其他网站，要有自己的特色（图2-3）。

图2-3

3．通俗性：

网络设计通俗易懂，受众的群体才会不断扩大（图2-4）。

图2-4

4. 广泛性:

广泛性在于信息咨讯的丰富多样, 所涉及的方面包罗万象
(图 2—5)。

图 2—5

5. 易于流动:

易于流动是指网络设计的文件量要适中, 不能过大, 否则转
移服务器时会很困难, 同时给观众打开网络时会很慢 (图 2—6)。

图 2—6

6. 图文音并茂：

在网络设计中要考虑到既有文字又有图片，这样显得很丰

富，很有吸引力（图2—7）。

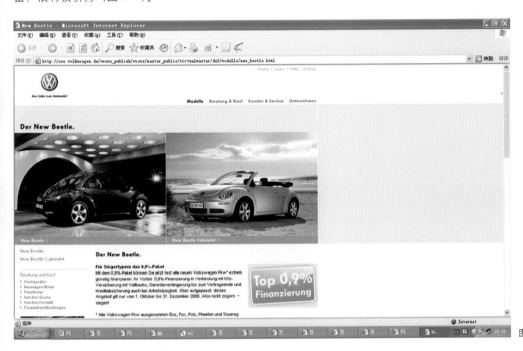

图2—7

7. 开放性：

开放性是指网络设计中要利用到广大受众的力量，作品设

计成开放的形式，由广大受众在使用中不断丰富完善（图2—8）。

图2—8

8. 易控性：

易控性是指在进行网络艺术设计时要考虑到成品后的易控性，不能包含层次太多，否则会影响使用者的思路（图2-9）。

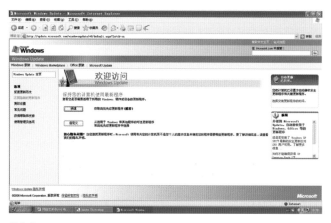

图2-9

四、网络设计作品的要求

1. 简单

WEB结构原则：目录结构清楚，不宜过深，不要复杂，路径最好用相对地址；命名适当；常变内容、界面使用模板较好；公共信息统一存储；Include文件不可嵌入较多；目录下不可存储太多内容文件；数据结构要设计合理；数据校验应在服务器端；连接数据库近晚，断开连接近早；尽量少使用SESSION与COOKIE。

2. 小文件量

小文件量保证了作品在网络中运行流畅，占用空间小，并为在以后的发展中为更小型化的终端提供了可能，例如手机、MP4等。

3. 色域窄

色域过宽，以现有的显示标准还达不到精确显示的程度。

4. 灵活

使网络作品更容易被社会不同阶层所接受，并且便于管理、修改。

5. 动画效果

动画效果增添了网络设计作品的直观性，并且非常有趣。更加形象生动。

6. 互动性

网络未来的发展趋势就是互动性，可以增强吸引力、增加趣味性。

7. 网络设计作品的发展趋势

网络设计作品向着更加艺术化、简单化、实用化、立体化、真实化、互动化的方向发展

五、计算机网络编程设计

网络编程是指通过应用计算机语言编写程序来制作人机界面效果，同编写软件原理是一致的，网络编程的最后作品就是发到网上，供人们浏览、使用。

1. 网络编程工具简介

(1) XML

XML的应用很广泛，如Vista、Flex编程都将使用XML，正确掌握XML的各种操作，对提高编程效率至关重要。

(2) ASP 脚本

ASP 脚本提供了创建交互页的简便方法。如果想从 HTML 表格中收集数据，或用顾客的姓名个人化 HTML 文件，或根据浏览器的不同使用不同的特性，就会发现 ASP 提供了一个出色的解决方案。以前，要想从 HTML 表格中收集数据，就不得不依据一门编程语言来创建一个 CGI 应用程序。现在，只要将一些简单的指令嵌入到您的HTML 文件中，就可以从表格中收集数据并进行分析。而不必学习完整的编程语言或者单独编译程序来创建交互页。随着不断掌握使用 ASP 和脚本语言的技巧，可以创建出更复杂的脚本。对于 ASP，我们可以便捷地使用 ActiveX 组件来执行复杂的任务，比如连接数据库以存储和检索信息。

(3) Eclipse. 2.1

Eclipse. 2.1，目前Java开发领域的各种集成开发环境（IDE）呈现出百花齐放的局面，在目前所有的IDE中，Eclipse可以说是最有发展前途的产品之一。Eclipse是一个开放源代码的软件开发项目，专注于为高度集成的工具开发提供一个全功能的、具有商业品质的工业平台。它由Eclipse项目、Eclipse工具项目和Eclipse技术项目三个项目组成，每一个项目由一个项目管理委员会监督，并由它的项目章程管理。每一个项目由其自身的子项目组成，并且使用 Common Public License (CPL) 版本1.0许可协议。

(4) Eclipse 工作台

在第一次打开 Eclipse 时，首先看到的是下面的欢迎屏幕（图2-10）。

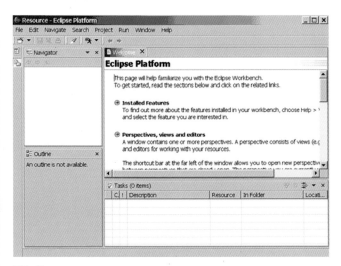

图 2-10

Eclipse 工作台由几个称为 视图（view） 的窗格组成，比如左上角的 Navigator 视图。窗格的集合称为透视图（perspective）。默认的透视图是 Resource 透视图，它是一个基本的通用视图集，用于管理项目以及查看和编辑项目中的文件。

Navigator 视图允许您创建、选择和删除项目。Navigator 右侧的窗格是编辑器区域。取决于 Navigator 中选定的文档类型，一个适当的编辑器窗口将在这里打开。如果 Eclipse 没有注册用于某特定文档类型（例如，Windows 系统上的 .doc 文件）的适当编辑器，Eclipse 将设法使用外部编辑器来打开该文档。

Navigator 下面的 Outline 视图在编辑器中显示文档的大纲，这个大纲的准确性取决于编辑器和文档的类型；对于 Java 源文件，该大纲将显示所有已声明的类、属性和方法。

Tasks 视图收集关于正在操作的项目的信息；这可以是 Eclipse 生成的信息，比如编译错误，也可以是手动添加的任务。

(5) JavaScript

JavaScript 是一种新的描述语言，此一语言可以被箝入 HTML 的文件之中。

透过 JavaScript 可以做到回应使用者的需求事件（如 form 的输入）而不用任何的网路。

来回传输资料，所以当一位使用者输入一项资料时，它不用经过传给伺服端（server）。

处理，再传回来的过程，而直接可以被客户端（client）的应用程序所处理。

(6) JAVA

Java 是 1995 年 6 月由 Sun Microsystems 公司提出的一种革命化语言，与其他编程语言一样，这种语言在短短的时间内得到了迅速的发展。由于这种语言具有易用性、平台无关性、易移植性等诸多特征，使得这门语言得到了广泛的应用。而且，这种语言具有很好的发展前景 。程序开发费用少，工作效率高，并拥有很好的用户界面和强大的开发工具。网上数据编程体现的非常充分，是其他语言无法做到的。Java 的由来，Java 语言诞生于 1991 年，起初被称为 OAK 语言，是 SUN 公司为一些消费性电子产品而设计的一个通用环境。他们最初的目的只是为了开发一种独立于平台的软件技术，而且在网络出现之前，OAK 可以说是默默无闻。但是，网络的出现改变了 OAK 的命运。

在 Java 出现以前，Internet 上的信息内容都是一些乏味死板的 HTML 文档。这对于那些迷恋于 WEB 浏览的人们来说很痛苦。他们迫切希望能在 WEB 中看到一些交互式的内容，开发人员也极希望能够在 WEB 上创建一类无需考虑软硬件平台就可以执行的应用程序，当然这些程序还要有极大的安全保障。对于用户的这种要求，传统的编程语言显得无能为力，从 1994 年起 SUN 的工程师开始将 OAK 技术应用于 WEB 上，并且开发出了 HotJava 的第一个版本。

Java 是一种简单的，面向对象的，分布式的，解释的，健壮的、安全的，结构的、中立的，可移植的，性能很优异的多线程的，动态的语言。

Java 的开发环境有不同的版本，如 sun 公司的 Java Developers Kit，简称 JDK。后来微软公司推出了支持 Java 规范的 Microsoft Visual J++ Java 开发环境，简称 VJ++。

Java 的特点：

① 平台无关性

② 安全性

③ 面向对象

④ 分布式

⑤ 健壮性

JDK1.3.1.04

JDK 是整个 Java 的核心，包括了 Java 运行环境（Java Runtime Envirnment），一堆 Java 工具和 Java 基础的类库(rt.jar)。不论什么 Java 应用服务器实质都是内置了某个版本的 JDK。因此掌握

JDK是学好Java的第一步。最主流的JDK是SUN公司发布的JDK，除了SUN之外，还有很多公司和组织都开发了自己的JDK，例如IBM公司开发的JDK，BEA公司的Jrocket，还有GNU组织开发的JDK等等。其中IBM的JDK包含的JVM（Java Virtual Machine）运行效率要比SUN JDK包含的JVM高出许多。而专门运行在x86平台的Jrocket在服务端运行效率也要比SUNJDK好很多。

（8）PHP-4.3.0-Win32

phphome2.2.8_full

PHP是一种易于学习和使用的服务器端脚本语言。只需要很少的编程知识你就能使用PHP建立一个真正交互的WEB站点。PHP是能生成动态网页的工具之一。PHP网页文件被当做一般HTML网页文件来处理并且在编辑时你可以用编辑HTML的常规方法编写PHP。

（9）VbsEdit.and.JsEdit.v2.0.WinAll-PH:

Visual Basic,简称VB,是Microsoft公司推出的一种Windows应用程序开发工具,是当今世界上使用最广泛的编程语言之一,它也被公认为是编程效率最高的一种编程方法。无论是开发功能强大、性能可靠的商务软件，还是编写能处理实际问题的实用小程序，VB都是最快速、最简便的方法。

何谓 Visual Basic? "Visual" 指的是采用可视化的开发图形用户界面（GUI）的方法，一般不需要编写大量代码去描述界面元素的外观和位置，而只要把需要的控件拖放到屏幕上的相应位置即可；"Basic" 指的是BASIC语言，因为VB是在原有的BASIC语言的基础上发展起来的，至今包含了数百条语句、函数及关键词，其中很多和 Windows GUI 有直接关系。专业人员可以用 Visual Basic 实现其它任何 Windows 编程语言的功能，而初学者只要掌握几个关键词就可以建立实用的应用程序。

（10）VisualCafe4.0ExpertVersion

VisualCafe可以用来生产和编辑所有的Form类型，包括：Applet、信息箱和窗户。经过对开发环境的充分综合，形成设计器允许用户生产和编辑Applet和应用程序窗口。工具面板包括了各种可以加至Form的各个系统，包括标准Java窗口化系统，比如文本盒、按钮及菜单栏。

扩充的系统程序库，代码生成，交互作用，菜单编辑器，综合的可视化调试器，断点窗口，线程窗口，

（11）VPC5.2

是虚拟主机的软件运行系统。

Zend.Studio.Client.v2.6.WinAll.Retail-UnderPl

Zend.Studio.Server.v2.6.WinAll.Retail-UnderPl

Zend Studio 4 企业版提供了PHP开发最全面的解决方案，涵盖了从开发，调试，直到产品完成上市完整的开发周期。企业版除了具有专业版的所有功能外，还加入了Zend Platform特有的监视、识别、解决代码和程序性能问题的能力。一个屡获大奖的专业 PHP 集成开发环境，具备功能强大的专业编辑工具和调试工具，支持PHP语法加亮显示，支持语法自动填充功能，支持书签功能，支持语法自动缩排和代码复制功能，内置一个强大的PHP代码调试工具，支持本地和远程两种调试模式，支持多种高级调试功能（图2-11）。

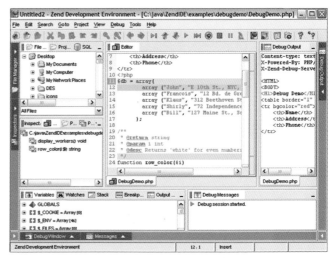

图2-11

特点是：加速开发进度，使开发的程序更加可靠。简化了WEB数据库程序的开发，增进了查询的性能。促进了团队的开发和协作。让程序代码执行的过程和性能一览无余。可自定义的开发环境使得使用更加灵活。技术投入的减少，带来了更多的商业利润。

2.编程操作过程

编程图解

（1）用Div+CSS编程布局网页

页面布局与规划

构思是所有设计的第一步，构思之后需要使用PhotoShop或FireWorks等图片处理软件将需要制作的界面布局简单的构画出

图 2—12

来，如（图 2—12）。

根据构思图规划页面的布局，分析该图，图片大致分为以下几个部分：

顶部部分，其中又包括了 LOGO、MENU 和一幅 Banner 图片；内容部分又可分为侧边栏、主体内容；底部，包括一些版权信息。通过以上分析，可以布局，设计层如（图 2—13）

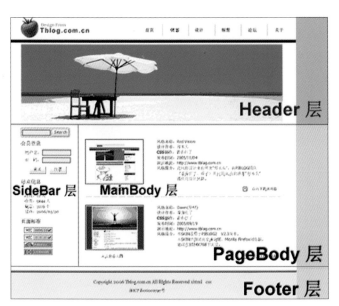

图 2—13

根据上图，用实际的页面布局图说明层的嵌套关系（图 2—14）。

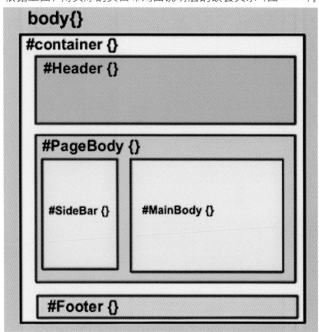

图 2—14

（1）DIV 结构如下：

body {} /* 这是一个 HTML 元素

#Container {} /* 页面层容器 */

#Header {} /* 页面头部 */

#PageBody {} /* 页面主体 */

#Sidebar {} /* 侧边栏 */

#MainBody {} /* 主体内容 */

#Footer {} /* 页面底部 */

至此，页面布局与规划已经完成，开始书写 HTML 代码和 CSS。

（2）写入整体层结构与 CSS

在桌面新建一个文件夹，命名为"DIV+CSS 布局练习"，在文件夹下新建两个空的记事本文档，输入程序代码内容：用以确定文字的位置，图片出现形式等。

3.编程与设计

（1）编程中关于设计的可能性

在网页编程设计中图像的大小、位置、效果等都可以通过计算机程序语言控制，计算机程序语言还可以控制文字的字体、大小、位置；底纹的样式、颜色等效果，所以说在编程中存在着艺术设计的可能性。

（2）编程中的艺术控制

用计算机语言通过编程来实现网页各种要素的变化搭配的这个过程称之为编程艺术控制，包括图像的位置、图像效果、网页背景色、文字效果、交互效果等控制。

（3）编程设计中的不可预见性

编程设计通常是在设想中完成的，还要通过不断的修改，通过增加或减少程序命令来实现最佳效果，现今有了可视化编程，这种编程设计中的不可预见性减小了。

（4）编程设计的稳定性

稳定性是编程设计的先导，一些命令的使用，要经过反复的推敲，才能使网站或网页保持运行稳定，无漏洞可击。网页、网站的稳定性在编程设计中需要时刻的注意。

4.应用中的设计

通过脚本语言可以向计算机发出直观的命令，来实现设计者的思想，脚本语言同样可以控制网页要素的特性，例如：文字的位置、出现方式等特性。脚本语言是一种直观可控性语言，具有极强的预见性，可以在使用中更好地实现设计者的设计理念。

38

思考题

1.如何理解网络艺术设计？

2.网络艺术设计方法有哪些？

3.网络艺术设计原则是什么？

第二节　网页设计

一、色彩理论在网页设计中的应用

色彩的应用在网页中的作用十分重要，某些网页看上去十分典雅、有品位，令人赏心悦目，但是页面结构却很简单、图像也不复杂，这主要是色彩运用得当，色彩的魅力让人难以抗拒，这就关系到很多色彩原理的知识。

1.色彩基本概念

自然界中的颜色可以分为非彩色和彩色两大类。非彩色指黑色、白色和各种深浅不一的灰色，而其他所有颜色均属于彩色。任何一种彩色具有三个属性：

色相（Hue）：也叫色泽，是颜色的基本特征，反映颜色的基本面貌。

饱和度（Saturation）：也叫纯度，指颜色的纯洁程度。

明度（Brightness或Lightness或Luminousity）：也叫亮度，体现颜色的深浅。

非彩色只有明度特征，没有色相和饱和度的区别。

2.色彩的三原色

电脑屏幕的色彩是由RGB（红、绿、蓝）三种色光合成的，而我们可通过调整这三个基色就可以调校出其他的颜色。在许多图像处理软件里，都有提供色彩调配功能，你可输入三个基色的数值来调配颜色，也可直接根据软件提供的调色板来选择颜色。

3.电脑影像的色彩

电脑影像的色彩是经由位元（BIT）的计算和组合而来，单纯的黑白图像是最简单的色彩结构。在电脑上用到1位元的资料，虽说只有黑色和白色，但仍能透过疏密的矩阵排列，将黑与白组合成近似视觉上的灰色阶调。

灰阶（Grayscale）的影像共有256个阶调，看起来类似传统的黑白照片；除黑、白二色之外，尚有254种深浅的灰色，电脑必须以8位元的资料，显示这256种阶调。

全彩（Fullcolor）是指RGB三色光所能显示的所有颜色，每一色光以8位元表示，各有256种阶调，三色光交互增减，就能显示24BIT的1677万色（256*256*256=16,777,216），这个数值就是电脑所能表示的最高色彩，也就是通称的RGBTureColor。

8位元色是指具有256种阶调，或256种色彩的影像，而我们在常常见到GIF格式的图象文件就是带有256种色彩的图像文件。若要把24位元的全彩图片转成256色的8位元，通常必须经过索引的步骤（Indexed），也就是在原本24位元的1677万色中，先建立颜色分布表（histogram），然后再找出最常用的256种颜色，定义出新的调色盘，最后再以新色盘的256色取代原图（图2-15）。

让我们看看每一位元色包含多少种颜色：

1位　2种颜色

2位　4种颜色

4位　16种颜色

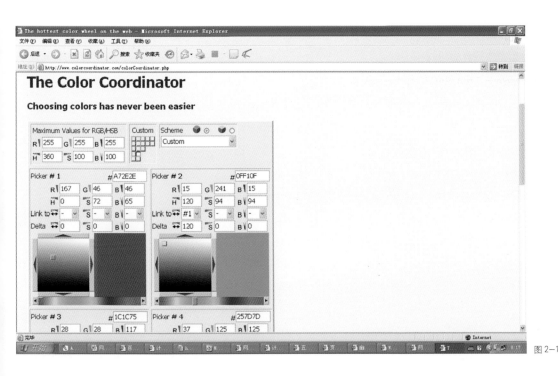

图 2—15

8 位　256 种颜色

16 位　65536 种颜色

24 位　1677 万种颜色

32 位　1677 万种颜色和 256 级灰度值

36 位　687 亿种颜色和 4096 级灰度值

通常所称的标准 VGA 显示模式是 8 位显示模式，即在该模式下能显示 256 种颜色；而高彩色（Hi Color）显示是 16 位显示模式，能显示 65536 种颜色，也称 64K 色；还有一种真彩色（True Color）显示模式是 24 位显示模式，能显示 1677 万种颜色，也称 16M 色，这是现在一般 PC 机所能达到的最高颜色显示模式，在该模式下看到的真彩色图像的色彩已和高清晰度照片没什么差别了。

4　网页设计中常常采用象征性来表示设计的主题和要表达的情感。

红色：代表热情、奔放、喜悦、庆典、兴奋 、紧张

黑色：代表严肃、夜晚、沉着、悲哀、肃穆、

黄色：代表高贵、富有、光明、愉快、敏感 、不安宁

白色：代表纯洁、简单、纯粹、快乐、朴素

蓝色：代表天空、清爽 、朴实、稳重、冷淡、保守

绿色：代表植物、生命、生机、安慰、平和、休息

灰色：代表阴暗、消极、含蓄、精致、高品位

紫色：代表浪漫、爱情、庄重、神圣、优雅、奢华

棕色：代表土地 、质朴、实在、沉着、生命

网页设计中，确定主页的题材后，要了解哪些颜色适合这个站点。比如一个影视的站点，基本上适用任何色彩，但用黑色或以其他较深的色彩为主比较好，因为人们看电视、电影一般在黑暗的环境下观看的，网页上使用深色较符合人们的习惯，反之一个介绍医院、医学的站点就要使用浅色为主色，衬托其医学站点的氛围。

在五彩缤纷中建设网页，掌握背景与字体的搭配经验，下面是编程中用到的色彩代码：

bgcolor=“#f1fafa”　//做正文的背景色好，淡雅

bgcolor=“#E8FFE8”　//做标题的背景色好，与上面的颜色搭配很协调这两种颜色可以配黑字或 FONT COLOR=“#800080”

bgcolor=“#E8E8FF”　//做正文的背景色好，字体配黑色较好

bgcolor=“#8080C0”　//上配黄色白色字体较好

bgcolor=“#E8D098”　//上搭配浅蓝色或蓝色字体较好

bgcolor=“#EFEFDA”　//上搭配浅蓝色或红色字体较好

bgcolor="#F2F1D7" //配黑字素雅,红字醒目

bgcolor="#336699" //配白字做标题较好

bgcolor="#6699CC"和bgcolor="#479AC7"和bgcolor="#66CCCC"和bgcolor="#00B271"和bgcolor="#B45B3E"配白字都较好看／可做标题。

bgcolor="#FBF8EA"和bgcolor="#D5F3F4"和bgcolor="#D7FFF0"和bgcolor="#F0DAD2"和bgcolor="#DDF3FF"配黑字都较好看//一般做正文以上配色方案都比较淡雅。

浅绿底黑字，或白底蓝字都很醒目，但前者突出背景，后者突出前景。红底白字醒目，较深底色配黄字有效果（色彩配色图例见书后附录一）。

二、网页的构图理论

网页整体类型图示：

1.简单清晰型

醒目的标题配图，给人一种强烈的视觉冲击力，内容常以简单的框架为主，没有太多的修饰，此类设计注重版面的整洁干净，给人一种清新脱俗的感觉，主要分布在个人网站和企业网站为主。（图2-16）

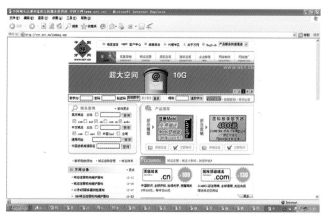

图2-16

2.层次分明型

版式样式是层层叠加的，此类网页结构布局不按常规，页面结构布局多层次，常以叠加样式为主。这种叠加效果的制作，是已经在做图软件里做好后输出实现的（图2-17）。

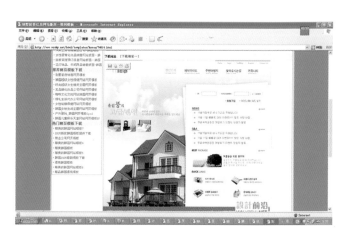

图2-17

3.精彩动画展示型

精美炫目的开场动画，个性突出的导航标题设计，此类网页以大型栏目展示和个人展示网站为主（图2-18）。

4.个性分明型

风格特异，没有主要的版面样式，突出网页另类特点。独特的风格靠的是灵感和对艺术的感悟。自成一派是应有的发展方向，要形成自己独具特色的一种风格（图2-19）。

图2-18

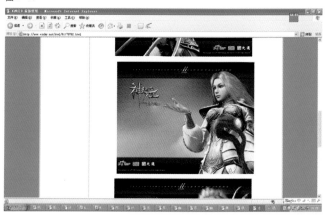

图2-19

三 网页布局设计基础

1.网页布局的基本要素

(1) 页面尺寸

由于页面尺寸和显示器大小及分辨率有关系，网页的局限性就在于无法突破显示器的范围，而且因为浏览器也将占去不少空间，留下的页面范围变得越来越小。一般分辨率在800x600的情况下，页面的显示尺寸为：780x428个像素；分辨率在640x480的情况下，页面的显示尺寸为:620X311个像素;分辨率在1024X768的情况下，页面的显示尺寸为:1007x600。从以上数据可以看出，分辨率越高页面尺寸越大。

浏览器的工具栏也是影响页面尺寸的原因。一般目前的浏览器的工具栏都可以取消或者增加，那么当显示全部的工具栏时，和关闭全部工具栏时，页面的尺寸是不一样的。

(2) 整体造型

指页面的整体形象，形象应该是一个整体，图形与文本的接合应该是层叠有序。虽然，显示器和浏览器都是矩形，但对于页面的造型，可以充分运用自然界中的其他形状以及它们的组合：矩形，圆形，S形，三角形，菱形等。

对于不同的形状，它们所代表的意义是不同的。比如矩形代表着正式，规则，要注意到很多ICP和政府网页都是以矩形为整体造型；圆形，S形代表着柔和，团结，温暖，安全等，许多时尚站点喜欢以这两种为页面整体造型；三角形代表着力量，权威，牢固，侵略等，许多大型的商业站点为显示它的权威性常以三角形为页面整体造型；菱形代表着平衡，协调，公平，一些交友站点常运用菱形作为页面整体造型。虽然不同形状代表着不同意义，但目前的网页制作多数是结合多个图形加以设计，在这其中某种图形的构图比例可能占的多一些。

(3) 页头

页头又可称之为页眉，页眉的作用是定义页面的主题。比如一个站点的名字多数都显示在页眉里。这样，访问者能很快知道这个站点是什么内容。页头是整个页面设计的关键，它将牵涉到下面的更多设计和整个页面的协调性。页头常放置站点名字的图片和公司标志以及旗帜广告。

(4) 文本

文本在页面中出现都以行或块(段落)的形式出现,它们摆放的位置决定整个页面布局的可视性。现在随着技术的提升文本已经可

以按照作者的要求放置到页面的任何位置。

(5) 页脚

页脚和页头相呼应。页头是放置站点主题的地方，而页脚是放置制作者或者公司信息的地方。许多制作信息都是放置在页脚的。

(6) 图片

图片和文本是网页的两大构成元素，缺一不可。如何处理好图片和文本的位置成了整个页面布局的关键。也是体现设计品位的重要部分，而布局思维也将体现在这里。

(7) 多媒体

除了文本和图片，还有声音，动画，视频等等其他媒体的介入。虽然这些媒体形式不是经常能被利用到，但随着动态网页的兴起，它们在网页布局上也变得更为重要。

2.网页布局的方法

网页布局的方法有两种,一种为纸上布局; 一 种为软件布局。下面分别加以介绍:

(1) 纸上布局法

先画出页面布局的草图，有利于设计出优秀的网页来。所以在开始制作网页时，要先在纸上画出你页面的布局草图来进行整体的规划。

(2) 软件布局法

利用软件来完成页面布局的工作。Photoshop所具有的对图像的编辑功能用到设计网页布局上更为得心应手。利用Photoshop可以方便地使用颜色，使用图形，并且可以利用层的功能设计出用纸张无法实现的布局意念。

3.网页布局的技术

(1) 层叠样式表的应用

在新的HTML4.0标准中，CSS(层叠样式表)被提出来，它能完全精确的定位文本和图片.CSS对于初学者来说显得有点复杂，但它的确是一个好的布局方法。目前在许多站点上，层叠样式表的运用是一个站点优秀的体现。

(2)表格布局

表格布局已经成为一个标准，大部分站点都可以用到表格布局。表格布局的优势在于它能对不同对象加以处理，而又不用担心不同对象之间的影响。而且表格在定位图片和文本上比起用CSS更加方便。表格布局唯一的缺点是，用了过多的表格

时，页面下载速度受到影响。对于表格布局，可以找一个站点的首页，保存为 HTML 文件，利用网页编辑工具打开它（要所见即所得的软件），就会看到这个页面是如何利用表格的。

（3）框架布局

如同表格布局一样，把不同对象放置到不同页面加以处理，因为框架可以取消边框，所以一般来说不影响整体美观。

四、网页的标题设计

1. 网页标题设计概念

浏览一个网页时，通过浏览器顶端的蓝色显示条出现的信息就是"网页标题"。在网页 HTML 代码中，网页标题位于 <head></head> 标签之间。其形式为：

<title>某某网站</title>

其中"某某网站"就是这个网站首页的标题。

网页标题是对一个网页的高度概括，网站首页的标题就是网站的正式名称，而网站中文章内容页面的标题就是文章的题目，栏目首页的标题通常是栏目名称。有时在实际工作中可能会有一定的变化，但无论如何变化，总体上仍然会遵照这种规律。

例如，很多网站的首页标题较长，除了网站名称（公司名称）之外，还有网站相关业务之类的关键词，这主要是为了在搜索引擎检索结果中获得排名优势而考虑的，也属于正常的搜索引擎优化方法。因为一般的公司名称（或者品牌名称）中可能不包含核心业务的关键词，这样当用户通过核心业务来检索时，如果网站标题中没有这样的关键词，在搜索结果排名中将处于不利地位。

例如：深圳市竞争力科技公司网站（www.jingzhengli.cn）的标题是"网络营销管理顾问——新竞争力"，其中"网络营销管理顾问"是公司的核心业务，"新竞争力"则是公司的注册商标。如果仅仅采用"深圳市竞争力科技公司"作为网站标题，那么当用户利用"网络营销管理顾问"、"网络营销管理"、"营销管理顾问"等关键词检索时，将处于不利的位置，因此特意做了这样的安排。这种情形在很多公司网站中可以看到，就是将核心业务、核心产品的名称出现在网站标题中（图2—20）。

图2—20

2. 网页标题设计原则与一般规律

在设计网页标题时，需要注意同时兼顾对用户的注意力，以及对搜索引擎检索的需要。在浏览一个网站时，用户往往是先看到一篇文章（也就是一个网页）的标题，如果标题对自己有吸引力，才会进一步点击并阅读有关内容，这样就需要使网页标题具有一定的吸引力。因此网页标题设计不宜过短，除了对用户有吸引力之外，还应含有与网页内容相关的重要关键词。

关于网页标题设计的原则是：在设计网页标题时，应注意同时兼顾对用户的注意力，以及对搜索引擎检索的需要。这一原则在实际操作中可通过三个方面来体现，这三个方面也可以被认为是网页标题设计的一般规律：

网页标题不宜过短或者过长。一般来说6—10个汉字比较理想，最好不要超过30个汉字。网页标题字数过少可能包含不了有效关键词，字数过多不仅搜索引擎无法正确识别标题中的核心关键词，而且也让用户难以对网页标题（尤其是首页标题，代表了网站名称）形成深刻印象，也不便于其他网站链接。

网页标题应概括网页的核心内容。当用户通过搜索引擎检索时，在检索结果页面中的内容一般是网页标题（加链接）和网页摘要信息，要引起用户的关注，网页标题发挥了很大的作用，如果网页标题和页面摘要信息有较大的相关性，摘要信息对网页标题将发挥进一步的补充作用，从而引起用户对该网页信息点击行为的发生（也就意味着搜索引擎推广发挥了作用）。另外，当网页标题被其他网站或者本网站其他栏目／网页链接时，一个概括了网页核心内容的标题有助于用户判断是否点击该网页标题链接。

网页标题中应含有丰富的关键词。考虑到搜索引擎营销的特点,搜索引擎对网页标题中所包含的关键词具有较高的权重,尽量让网页标题中含有用户检索所使用的关键词。以网站首页设计为例,一般来说首页标题就是网站的名称或者公司名称,但是考虑到有些名称中可能无法包含公司／网站的核心业务,也就是说没有核心关键词,这时通常采用"核心关键词＋公司名／品排名"的方式来作为网站首页标题。

五、网页设计软件介绍

1.Page Maker

Page Maker 是一个易于使用的网页编辑器,它可以在几分钟内就创建并上传网页,并且不需要了解任何关于 HTML 的知识。只需要拖曳对象到页面中并随意地调整它们的位置即可。程序还包含了多个精美的模版,可以更加容易地设计出专业的网页。程序还包含了多种导航条,并且可以让用户自由地控制导航条。另外,程序还包含了取色器、Java Script 脚本库、图像库以及简易的 FTP 客户端 (图 2-21)。

图 2-21

2.Dreamweaver MX

一个可视化的网页设计和网站管理工具,支持最新的Web技术,包含HTML 检查、HTML 格式控制、HTML 格式化选项、HomeSite/BBEdit捆绑、可视化网页设计、图像编辑、全局查找替换、全FTP 功能、处理Flash 和Shockwave等媒体格式和动态HTML、基于团队的Web创作。在编辑上可以选择可视化方式或

者自己喜欢的源码编辑方式。Macromedia Dreamweaver MX 测试版新增功能如下:加强的用户界面;多重用户配置;增强的源代码编辑功能;扩展的文档格式支持;加强的服务器模式扩展;改进的数据库链接操作;提升了与外部应用程序的协作功能能 (图 2-22)。

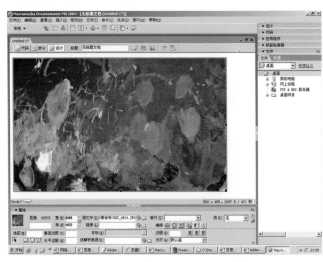

图 2-22

3.Fireworks MX

借助于 Macromedia Fireworks ,可以在直观、可定制的环境中创建和优化用于网页的图像并进行精确控制。Fireworks 业界领先的优化工具可帮助您在最佳图像品质和最小压缩大小之间达到平衡。它与 Macromedia Dreamweaver 和 Macromedia Flash 共同构成的集成工作流程可以让您创建并优化图像,同时又能避免由于进行 Roundtrip 编辑而丢失信息或浪费时间。利用可视化工具,无须学习代码即可创建具有专业品质的网页图形和动画,如变换图像弹出菜单等 (图 2-23)。

图 2-23

4.Flash MX

Flash是交互式矢量图和Web动画的标准。网页设计者使用Flash能创建漂亮的、可改变尺寸的和极其紧密的导航界面、技术说明以及其他奇特的效果。

Flash是Macromedia公司推出的动态网页制作工具。它解决了网页动画互动性与网络带宽之间的矛盾，体现了互联网的新概念——快捷、生动。

Flash动画是由交互式矢量图形组成的动画，所以下载速度很快，并且动画大小可以随用户的屏幕大小而自如缩放。FLASH可以用它生成动画，创建互动性网页，并在网页中加入声音。它还可以生成亮丽夺目的图形和界面，而使文件体积不会过大，它能独立于浏览器之外进行播放。

为创建生动活泼、功能强大的交互页面，增加了MP3格式的流式音频、可编辑的文本框，尤其增加了不少复杂的交互动作的设定，使得能够创建复杂的游戏、表单和搜索引擎。新增特性还有流式发布程序、新颖别致的符号库对话框、多功能的检视窗口以及爽心悦目的用户界面（图2-24）。

图2-24

5.Director MX

Macromedia Director V8.0 是一套可以制作引人注目的网页、商品展示、娱乐性与教育性光碟、企业简报等多媒体产品的制作工具，它可以自由发挥想像力制作多媒体产品。可借由同步整合图形、声音、文字、动画及影片功能制作出多媒体产品。最新版本并整合了Internet功能，包含ShockwaveMovies网页

物件和先进的网页编辑、播放技术。

Director是一个富有创意的工具，这或许跟它起源于苹果平台有关，苹果平台上有着许多极有创造性的软件。如果要学习Director，一定要对它的特点有所了解，这样才会事半功倍。和高级程序语言不同，多媒体制作软件一般都有自己的一套思想。这对于普通人（相对于计算机专业人员）来讲，可以更加容易的掌握和理解这个工具，把主要的精力投入到创意和设计中去，而不是沉迷于高深的计算机编程。例如：HyperCard的基本概念是一张张的卡片；ToolBook是用"书本"来隐喻，所以有"页"的概念；Authorware,IconAuthor是流程图做比喻；Action是剧场里"场景"的观念。

Director是用"电影"（Movie）的比喻。从它的名字Director（导演）可以也看出来，它的基本概念是电影中的"画面"（Frame）。"画面"这个概念和上述的卡片、页不同，主要区别是它加上了时间的因素（Time-based）。卡片和页是静态的东西，即可以放动画和图像在上面；然而，"画面"是稍纵即逝、流动不停的。就像在看电影或录像带，画面总是一格格地呈现出来，直到按下暂停或停止键。正是由于Director这种动态的特性，使得Director所制作出来的东西也显得相当生动活泼。

在Director中，主要掌握"通道"（Channel）和"时间线"（TimeLine）用法：通道是控制演员的摆放顺序（前后关系）。时间线是演员随时间做的动作。这两个坐标轴构成了一个丰富多彩的场景（图2-25）。

图2-25

44

六、网页设计软件的操作与应用

网页设计软件的操作主要是围绕网页几大要素展开，主要有文字的形式与效果、图片的样式、音效特点等。虽然网页设计的软件很多，但是各有特点，要有选择的学习。有很多同学对英文界面的软件学习很困难，那么可以选择已经汉化很好的软件。另外，也不要追求软件版本过高，因为最新版本使用还不成熟往往会造成死机等，最好选择已经使用成熟的比最新版本低一点的版本，这样比较稳定，汉化的也会很好。

七、网页设计软件使用中的设计

网页设计软件的使用中要时刻遵循平面设计的理念，背景色的选择要突出网页主体，底纹要有个性，比如：采取一些数码相机拍摄的墙表面、泥土、木质纹理等，文字的大小、颜色、出现方式等，音效特点，图像的整体风格与网页主题的配合等，形成网页整体效果的协调统一。总之，在网页设计软件的使用过程中要时刻有设计理念参与其中，只会使用网页设计软件，而没有设计的思想观念是不够的。

八、网页窗口的特点

网页窗口是受显示器的分辨率限制的，分辨率越高显示的文字、图片越精细、越小。网页窗口有向四面扩展性，可以出现滚动条，很多内容可以从上下、左右出现（图2—26）。

图2—26

思考题

1. 网页配色依据是什么？
2. 网页构图原理有哪些？
3. 如何理解网页主题设计？

第三节　网站设计

一、网站的建设配色原理

1. 网站设计依据下列颜色视觉感受，顺应网站主题进行配色

(1) 红色

红色的色感温暖，性格刚烈而外向，是一种对人刺激性很强的色。红色容易引起人的注意，也容易使人兴奋、激动、紧张、冲动，还是一种容易造成人视觉疲劳的色。

在红色中加入少量的黄，会使其热力强盛，趋于躁动、不安、紧张。

在红色中加入少量的蓝，会使其热性减弱，趋于文雅、柔和、内敛。

在红色中加入少量的黑，会使其性格变的沉稳，趋于厚重、朴实、神秘。

在红中加入少量的白，会使其性格变得温柔，趋于含蓄、羞涩、娇嫩。

(2) 黄色

黄色的性格冷漠、高傲、敏感，具有扩张和不安宁的视觉印象。黄色是各种色彩中，最为娇气的一种色。只要在纯黄色中混入少量的其他色，其色相感和色性格均会发生较大程度的变化。

在黄色中加入少量的蓝，会使其转化为一种鲜嫩的绿色。其高傲的性格也随之消失，趋于一种平和、潮润、新鲜的感觉。

在黄色中加入少量的红，则具有明显的橙色感觉，其性格也会从冷漠、高傲转化为一种有分寸感的热情、温暖、亲切。

在黄色中加入少量的黑，其色感和色性变化最大，成为一种具有明显橄榄绿的复色印象。其色性也变得成熟、随和、平静。

在黄色中加入少量的白，其色感变得柔和，其性格中的冷漠、高傲被淡化，趋于含蓄，易于接近。

(3) 蓝色

蓝色的色感冷嘲热讽，性格朴实而内向，是一种有助于人冷静的颜色。蓝色朴实、内向的性格，常为那些性格活跃、具有较强扩张力的色彩，提供一个深远、广博、平静的空间，是衬托活跃色彩的友善而谦虚的朋友。蓝色还是一种在淡化后仍然能保持较强个性的色。如果在蓝色中分别加入少量的红、黄、黑、橙、白等色，均不会对蓝色的性格构成较明显的影响。

(4) 绿色

绿色是具有黄色和蓝色两种成分的颜色。在绿色中，将黄色的扩张感和蓝色的收缩感相中庸，将黄色的温暖感与蓝色的寒冷感相抵消。这样使得绿色的性格最为平和、安稳，是一种柔顺、恬静、优美的颜色。

在绿色中加入黄的成分较多时，其性格就趋于活泼、友善，具有幼稚性。

在绿色中加入少量的黑，其性格就趋于庄重、老练、成熟、沉稳。

在绿色中加入少量的白，其性格就趋于洁净、清爽、鲜嫩。

(5) 紫色

紫色的明度在有彩色的色料中是最低的。紫色的低明度给人一种沉闷、神秘的感觉。

在紫色中红的成分较多时，其知觉具有压抑感、威胁感。

在紫色中加入少量的黑，其感觉就趋于沉闷、伤感、恐怖。

在紫色中加入白，可使紫色沉闷的性格消失，变得优雅、娇气，并充满女性的魅力。

(6) 白色

白色的色感光明，性格朴实、纯洁、快乐。白色具有圣洁的不容侵犯性。如果在白色中加入其他任何色，都会影响其纯洁性，使其性格变得含蓄。

在白色中混入少量的红，就成为淡淡的粉色，鲜嫩而充满诱惑。

在白色中混入少量的黄，则成为一种乳黄色，给人一种香腻的印象。

在白色中混入少量的蓝，给人感觉清冷、洁净。

在白色中混入少量的橙，有一种干燥的气氛。

在白色中混入少量的绿，给人一种稚嫩、柔和的感觉。

在白色中混入少量的紫，可诱导人联想到淡淡的芳香。

2.调色原理

HTML 的颜色表示可分两种：

以命名方式定义常用的颜色，如 red。

以 RGB 值表示，如 #FF0000 表示 red。

命名方式所包括的色种不多也不是很方便，所以较少采用，

以下介绍 RGB 值的原理：

众所周知颜色是由 "red" "green" "blue" 三原色组合而成的，在 HTML 中对于彩度的定义是采用十六进制的，对于三原色 HTML 分别给予两个十六进位去定义，也就是每个原色有 256 种彩度，故此三原色可混合成1600多万个颜色。

例如：

白色的组成是 red=ff，green=ff，blue=ff，RGB 值即为 ffffff；

红色的组成是 red=ff，green=00，blue=00，RGB 值即为 ff0000；

绿色的组成是 red=00，green=ff，blue=00，RGB 值即为 00ff00；

蓝色的组成是 red=00，green=00，blue=ff，RGB 值即为 0000ff；

黑色的组成是 red=00，green=00，blue=00，RGB 值即为 000000；

应用的时候通常在 RGB 值前加上符号 # 以示分别，但不加也可。

3.常用颜色表（见书后附录二）

二、网站色彩搭配

1.鲜明对比色

对比色我们主要分为色相的对比、明度的对比以及纯度的对比。

纯度较低的背景色与纯度较高的主体形成鲜明的对比（图2-27）。

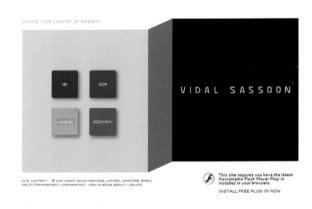

图2-27

相色对比——相互协调的蓝色和绿色（图 2—28）。

明度对比——黑白灰构成的典型的明度对比（图 2—29）。

纯度对比——色彩鲜艳亮丽（图 2—30）。

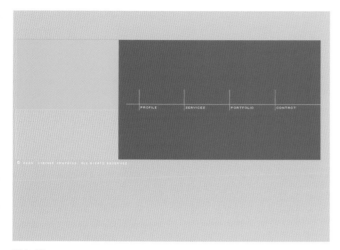

图 2—28

图 2—29

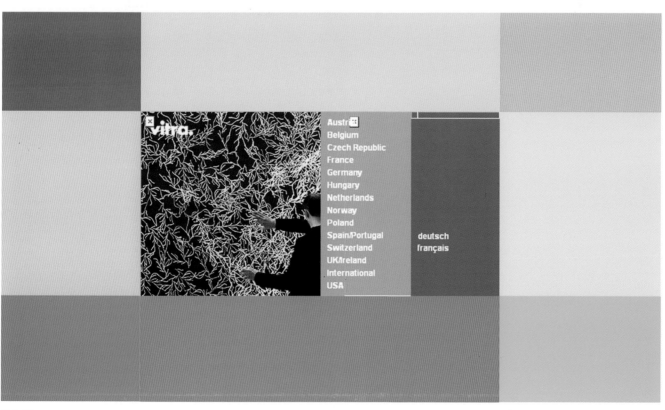

图 2—30

2.淡雅色效果

淡雅的色调给人浪漫、优雅的印象。会令人感觉柔和清淡明朗（图2—31）。

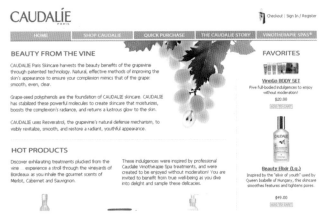

图2—31

3.纯色效果

气势逼人，炫目明亮。可以产生刺激与新奇的感觉（图2—32）。

图2—32

4.高雅色效果

多使用黑灰以及复色为主要色调，冷色以及明度较低的色调可以表现这一色彩主题（图2—33、图2—34）。

图2—33

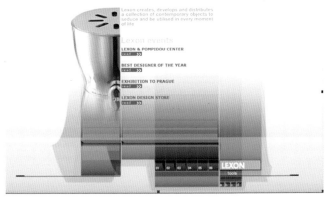

图2—34

三、 网站设计制作流程（图2—35）

1.客户提出建站申请

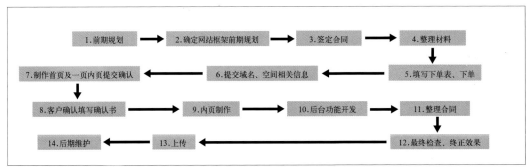

图2—35

客户提出网站建设基本要求

提供相关文本及图片资料

2.制订网站建设方案

双方就网站建设内容进行协商，以达成共识

我方制定网站建设方案

双方确定建设方案具体细节及价格

3.签署相关协议、客户支付预付款

双方签订《网站建设协议》

客户支付预付款

客户提供网站相关内容资料

4.完成初稿，经客户确认后进行建设

根据《网站建设方案》完成初稿设计

客户审核确认初稿设计

我方完成整体网站制作

5.网站测试，客户上网浏览、验收

客户根据协议内容进行验收工作

验收合格，由客户签发《网站建设确认单》

客户支付余款，网站开通

6.网站后期维护工作

向客户提交《网站维护说明书》

我方根据《网站建设协议》及《网站维护说明书》相关条款对客户网站进行维护与更新

四、网站设计经验

网站设计经验根据多位长期网站设计者总结有如下数条

1.明确内容

首先应该考虑网站的内容，包括网站功能和用户需要。整个设计都应该围绕这些方面来进行

2.抓住用户

如果用户不能够迅速地进入网站，或操作不便捷，网站设计就是失败的。不要让用户失望而转向对手的网站

3.优化内容

内容是核心。要进行图片和文字的优化处理

4.快速下载

一个标准的网页应不大于60K，通过56K调制解调器加载花30秒的时间。有的设计者说网页加载应在15秒内。

5.网站升级

时刻注意网站的运行状况。性能很好的主机随着访问人数的增加，可能会运行缓慢。所以要仔细考虑好升级计划。

6.学习HTML

用 HTML 设计网站，可以控制设计的整个过程。

7.用笔画一个网站的框架

用笔画一个网站的框架，显示出所有网页的相互关系。可以计划好用户如何以最少的时间浏览网站。

8.特殊字体的应用

虽然可以在HTML中使用特殊的字体，但是，不可能预测访问者在他们的计算机上将看到什么。在自己的计算机里看起来相当好的页面，在另一个不同的平台上看起来可能非常糟糕。一些网站设计员喜欢使用来定义特性，这虽然允许使用特殊的字体，但是仍需要一些变通的方法，以免所选择的字体在访问者的计算机上不能显示。级联风格表CSS有助于解决这些问题，但是只有最新版的浏览器才支持CSS。

9.使用切合实际的简便的命名规则

10.避免长文本页面

在一个站点上有许多只有文本的页面，是令人乏味的，且也浪费 Web 的潜力。如果有大量的基于文本的文档，应当以 Adobe Acrobat格式的文件形式来放置，以便访问者能离线阅读。

11.常用的设计工具

Adobe Photoshop

Macromedia Flash

Adobe Illustrator

Adobe ImageReady

Dreamweaver

Macromedia Fireworks

Allaire Homesites

Microsoft Notepad

Macromedia Director

Lightwave

Macromedia Freehand

其他：Adobe Acrobat Exchange，Allaire ColdFusion，BBEdit，HTMLValidator等。

12．网站介绍

应当有一个很清晰的网站介绍，告诉访问者该网站能够提供些什么，以便访问者能找到想要的东西。有效的导航条和搜索工具使人们很容易找到有用的信息，这对访问者很重要。告诉访问者我们所提供的正是他们想要的信息。

13．背景颜色

背景颜色也会产生一些问题，可能会使网页难于阅读。应当坚持使用白色的背景和黑色的文本，另外还应当坚持使用通用字体。

14．向前和向后按钮

应当避免强迫用户使用向前和向后按钮。设计应当使用户能够很快地找到他们所要的东西。绝大多数好的站点在每一页同样的位置上都有相同的导航条，使浏览者能够从每一页上访问网站的任何部分。

15．重复使用图像

一些网站由于使用大量不重复的图像而错过了使用更好的技巧的机会。在创建商标时，在网页上多次使用同样的图像是一个好的方法，并且一旦它们被装入，以后重新载入就会很快。

16．避免使用过大的图像

不要使用横跨整个屏幕的图像，避免访问者向右滚动屏幕。占75%的屏幕宽度是一个好的建议。

17．选择使用 Flash 动画

许多使用比较慢的计算机的访问者发现动画图标很容易耗尽系统资源，使网站的操作变得很困难，因此，应该给用户一个跳过使用Flash动画的选择。

18．尽量少使用 Flash 插件

19．让用户先预览小图像

最好使用 Thumbnails 软件，把图像的缩小版本的预览效果显示出来，这样用户就不必浪费时间去下载他们不需要的大图像。

20．动画与内容应有机结合

确保动画和内容有关联。它们应和网页浑然一体，而不是干巴巴的。动画并不只是Macromedia Director等制作的东西的简单堆积。

21．慎用声音

声音的运用要慎重。因为过多地使用声音会使下载速度很慢，同时并没有带给浏览者多少好处。

22．少用 Java 和 AxtiveX

在网页上应尽量少使用Java和AxtiveX。因为并不是每一种浏览器都需要使用它，只有那些 Netscape 和 Explorer 的早期版本的使用者才需要它。另外 Mac 在处理 Java 时也存在问题，过分地使用 Java，会使 Mac 崩溃。

23．使用先进技术

跟上新的技术。Web 技术的进步绝不会停止，所以应花一些时间来研究新产品和开发技术。

24．学习设计成功的网站

www.cndw.com

www.bmw.co.uk

www.yugop.com

www.comicrelief.org.uk

25．自己创建图像和声音

使用自己创建的或从某个商业网站上下载的图像和声音。在制作商业网站时，应该花足够的资金来创建图形，以增强公司的宣传。

26．平台的兼容性

要为用户着想，必须最少在一台PC和一台Mac机上测试自己的网站，看看兼容性如何。

27．用软件分析工具找错

使用软件分析工具检查HTML。软件分析工具 Doctor HTML 能够帮助检查 HTML 中的任何问题。如果你有许多网页需要检查，可选用软件分析工具。在网址 www.weblint.org/validation.html 中，就能够找到更多有效的HTML工具。

28．避免错误链接

网站中可能与其他一些有用的站点做了链接。但是，如果自己的网页上有链接，一定要经常检查它们，保证链接有效。链接的网站可能很多，但不要链接到与自己的内容无关的网站上。

29．在搜索引擎上登记网站

把自己的网站在主要的搜索引擎上进行登记。

30．给观众成熟的东西

如果网站没有完成，就不要发送到 Web 上。所有好的网站都是在幕后完成之后再发布的。

31．设计一个留言板

浏览者愿意把时间花在好的网站上，所以最好有一个留言本，这能激励访问者再次回到你的网站，还有助于扩充网站内容。

32．测试网站

在网站正式发布之前，必须进行有用的测试。在设计网站时要使用最新的软件，但是不要忘了人们并不会使用最新的浏览器，所以要照顾到以前的浏览器。在上载网站时还要测试所有的链接和导航工具条。

33．演示即将发布的网站

在网站正式运行之前，让人演示它。演示中人们会评价所设计的网站是否容易使用。

34．内容组织

在开始创建新的网页前，仔细考虑网站内容的组织。决定好想让访问者浏览的内容，然后设计导航系统。

35．图像压缩

为了保持小的图像，可以使用类似GIF向导的程序，它能自动对图像进行压缩。先声明图像的大小。

36．图像大小属性

可以在 IMG 标签中保存这个属性。这可以使网页显得很流畅，因为浏览器可以在图像被下载之前在屏幕上显示整个网页。

37．使网站具有交互功能

在网站上提供一些回答问题的工具，使得访问者能从网站上获得交互的信息。

五、网站设计基本原则

1．使用者优先的观念

2．考虑大多数人的连线状况

3．考虑使用者的浏览器

4．内容第一

5．着手规划、确定特色、锁定目标

6．第一页很重要

7．分类

8．互动性

9．图形应用技巧

10．图形加上说明

11．HTML 格式的注意事项

12．避免滥用技术

13．即时、更新、维护

六、网站主题设计

1．商业网站设计

商业网站设计包含的内容主要有商务咨询和企业形象展示。有些商业客户对设计要求很高，既要保证商务、咨询类网站的基本要求，同时又要突出企业的商业形象。

企业网站的设计上相对来说比较自由，通过传达公司信息、展现公司形象，最终达到所要体现的商业价值及商业目的（图2-36、图 2-37）。

2．信息网站设计

以信息内容为主的信息网站为访问者提供大量信息，而且

图 2-36

图 2-37

访问量巨大。因此设计时主要解决页面的框架结构问题，对大量的信息内容进行分区规划。风格上倒是可以随意的（图2-38）。

3.政府网站设计

设计具有庄重严谨的设计特点，方方正正的严谨的框架块面，粗背景框的设计，显得整个网站严谨整齐（图2-39、图2-40）。

4.门户性网站设计

门户网站的共同特点是提供几个典型服务，首页在设计时

尽量将所能提供的服务包含进去。其特点是信息量巨大、频道众多、功能全面。页面设计以实用为主，注重视觉元素的均衡排布，以简洁清晰为目的，省去不必要的过多的装饰，是实用主义设计的典范（图2-41）。

5.展示网站设计

展示网站一般用作企业展示自身产品的展示平台，大量的产品图片进行艺术的处理进行展映（图2-42）。

图2-38

图2-39

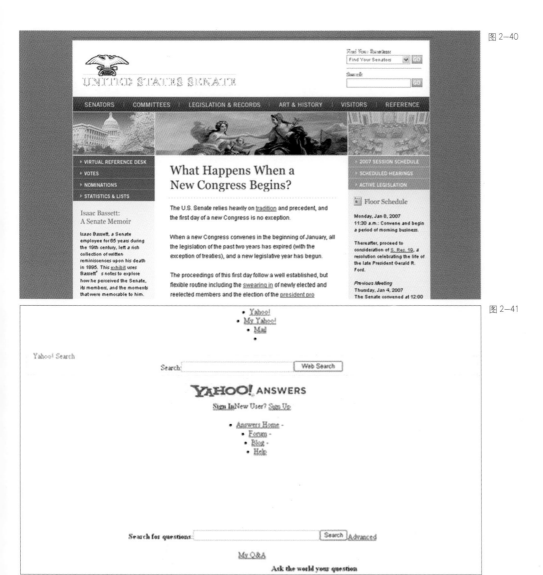

图 2—40

图 2—41

图 2—42

思考题

1.怎样理解网站配色原理？

2.网站设计经验有哪些？

第四节　网络其他设计

一、网络动画设计

Flash 动画

1. Flash 功能简介

Flash动画已经成为了互联网矢量动画的标准。Flash MX的推出使Flash动画的制作更加方便，发布更加容易，交互动画的特性也体现得更加明显。

Flash MX把矢量图的精确性和灵活性与位图、声音、动画以及高级交互性融合在一起，能够创作出极具吸引力的高效网页和个性化动态的站点。设计者的灵感有了更大的发挥空间，站点的表现力也极大地加强了。

通过Flash MX，可以创建同其他Web应用程序交互的非线性电影。设计师们可以建立菜单导航控制、动画Logo、MTV，甚至整个Flash 交互网站（图2-43）。

54

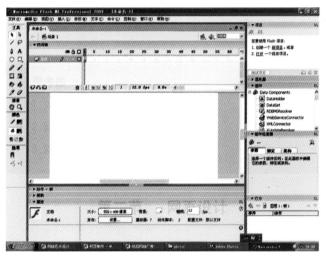

图2-43

2. Flash 动画主题设计

动画在长期的艺术创作的实践中，已经充分证明了它是一门独立的综合性的大众艺术。它的表现能力是无比广阔的，它可以表现政治斗争、社会生活、家庭伦理、科技知识、魔幻神话等各方面的题材。这类动画在本质上和传统影视动画没有太大区别，基本上延续了传统动画的创作过程和创作目的。但是某种程度上还是改变了传统动画的发展态势。首先，由于网络存储空间和传输速度的限制，此类作品一般以短片的形式出现。其次，具有创作的个体化倾向。大胆的创意、新颖的选题和考虑缜密的构思是动画制作的前提条件，是动画设计的第一任务。要求用精练的语言概括的表现手法，对未来作品的大概面貌、基本构思形成的文案材料作为作品设计的载体。这是一部作品形成前很重要的一步，主要是利用这种形式给作品的构思做一个完整的阐述。

此外，我们还必须重视研究动画制片管理和市场经营方面的理论。还需要了解动画艺术的本性，因此，我们在创作实践中需要了解艺术本性和创作的规律。只有充分地研究它的艺术本性，才能更好地最大限度地去开发它的艺术功能。动画及网络文化艺术创作具有艺术与技术相结合，传统文化资源与现代传媒手段相结合的鲜明特征。利用现代科技与传统艺术样式的结合，创造富有时代特点和艺术品位的动画作品（图2-44）。

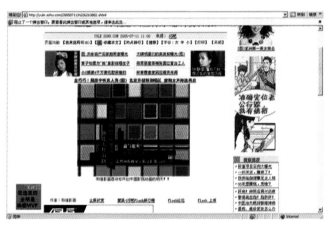

图2-44

3. Flash 动画造型基础

在Flash动画尤其是短片的制作中或多或少都要表现一些较复杂的动作，所以有必要掌握一些基本的造型基础。

（1）逐帧动画表现方法和技巧

逐帧动画是我们常用的动画表现形式，也就是一帧一帧地将动作的每个细节都画出来。

简化主体：首先，动作主体的简单与否对制作的工作量有很大的影响，擅于将动作的主体简化，可以成倍提高工作的效率。

循环法:最常用的动画表现方法,将一些动作简化成由只有几帧,甚至2、3帧的逐帧动画。利用Movie Clip的循环播放的特性,来表现一些动画,例如头发的飘动、走路、说话等。

节选渐变法:在表现一个"缓慢"的动作时,例如手缓缓张开、头(正面)缓缓抬起,可以考虑将整个动作中节选几个关键的帧,然后用渐变或闪现的方法来表现整个动作。

替代法:用其他东西,替代复杂的动作,例如影子、声音等。

临摹法:初学者常常难以自己完成一个动作的绘制,可以临摹一些video等,将它们导入Flash中,因为有了参照,完成起来就比较轻松。而在临摹的基础上进一步进行再加工,使动画更完善。

遮蔽法:该方法的中心思想就是将复杂动画的部分给遮住。而具体的遮蔽物可以是位于动作主体前面的东西,也可以是影片的框(即影片的宽度限制)等。

其他方法还有很多,如更换镜头角度(例如抬头,从正面表现比较困难,换个角度,从侧面就容易多了),或者从动作主体"看到"的景物反过来表现等。

(2) 充分使用Flash的变形功能

Motion Tween 和 Shape Tween 是flash提供的两种变形,它们只需要指定首尾两个关键帧,中间过程由电脑自己生成,所以是我们在制作影片时最常使用来表现动作的。

(3) 学习一些镜头语言,对制作动画很有帮助。

4.Flash动画色彩表现

可以说,动画主体与色彩的选择是有联系的。正确地选择动画中的色彩,有助于利用动画中的背景、角色等元件对欣赏者进行心理暗示,达到突出主题的效果。在一部动画作品中,所使用的色彩能够反映角色的心理、生理的变化,表达动画主题,作者的思想感受等。颜色的运用在Flash中十分重要,合适的颜色搭配可以让你的动画增色不少。要注意动画创作过程中光、色调、色彩的冷暖运用(图2—45)。

二、网络三维动画

1.网络三维动画概念

网络三维动画需要通过Java3D这一程序语言实现。Java3D是由SUN公司推出的、面向Internet的三维动画程序语言。通过

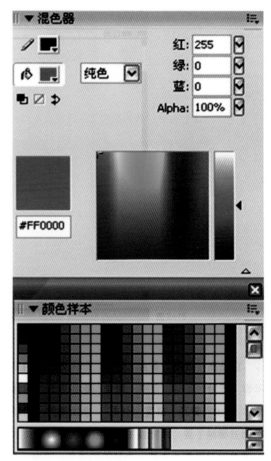

图 2—45

在网页上插入了用Java3D编写的Applet,可以让浏览网页的用户感受到逼真的三维动画效果。

2.网络三维动画制作基础

了解 Java3D 这一程序语言;

构建基本的三维形体并用它们组合成复杂物体;

在 Java3D 中利用 AutoCAD、3DS 等软件设计的形体;

建立真实的三维环境所必需的灯光、材质、纹理、背景、雾效和声音等要素;

使用鼠标、键盘控制三维形体的运动;

让三维形体按照预定的轨迹运动以及如何优化形体的运动性能。

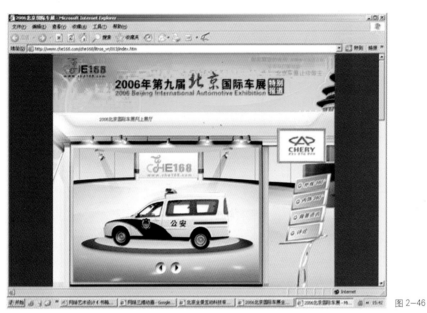

图2-46

3.网络三维动画展示特点（图2-46）

视觉效果逼真；

具有很强的立体感和空间感；

强调光对形体塑造的作用。

4.网络三维动画设计

（1）概念设计——业内通用的专业动画流程前期制作，内容包括根据剧本绘制的动画场景、角色、道具等的二维设计以及整体动画风格定位工作，给后面三维制作提供参考。

（2）分镜故事板——根据文字创意剧本进行的实际制作的分镜头工作，手绘图画构筑出画面，解释镜头运动，讲述情节给后面三维制作提供参考。

（3）3D粗模——在三维软件中由建模人员制作出故事的场景、角色、道具的粗略模型，为Layout做准备。

（4）3D故事板（Layout）——用3D粗模根据剧本和分镜故事板制作出Layout（3D故事板）。其中包括软件中摄像机机位摆放安排、基本动画、镜头时间定制等知识。

（5）3D角色模型、3D场景、道具模型——根据概念设计以及客户、监制、导演等的综合意见，在三维软件中进行模型的精确制作，是最终动画成片中的全部"演员"。

（6）贴图材质——根据概念设计以及客户、监制、导演等的综合意见，对3D模型"化妆"，进行色彩、纹理、质感等的

设定工作，是动画制作流程中的必不可少的重要环节。

（7）骨骼蒙皮——根据故事情节分析，对3D中需要动画的模型（主要为角色）进行动画前的一些变形、动作驱动等相关设置，为动画师做好预备工作，提供动画解决方案。

（8）分镜动画——参考剧本、分镜故事板，动画师会根据Layout的镜头和时间，给角色或其他需要活动的对象制作出每个镜头的表演动画。

（9）灯光——根据前期概念设计的风格定位，由灯光师对动画场景进行照亮、细致的描绘、材质的精细调节，把握每个镜头的渲染气氛。

（10）3D特效——根据具体故事，由特效师制作。若干种水、烟、雾、火、光效在三维软件（maya）中的实际制作表现方法。

（11）分层渲染、合成——动画、灯光制作完成后，由渲染人员根据后期合成师的意见把各镜头文件分层渲染，提供合成用的图层和通道。

（12）配音配乐——由剧本设计需要，由专业配音师根据镜头配音，根据剧情配上合适的背景音乐和各种音效。

（13）剪辑——用渲染的各图层影像，由后期人员合成完整成片，并根据客户及监制、导演意见剪辑成不同版本，以供不同需要用。

三、网络广告创意与设计

1.网络广告的特点

(1) 视觉冲击力强

在静止的页面中加入动态的元素，配以强烈炫目的色彩，展示形式的多变万化。动画的视觉节奏及其强烈。

(2) 信息容量大

Flash技术的应用使得连续而又生动的电影画面可以承载大量的信息内容。我们在欣赏动画艺术的同时也接受了广告内容的宣传，使得一切变得顺理成章。

(3) 生动性 真实性

由于动画效果的使用，使得原有的静态的广告变得形式丰富，内容缤纷，信息容量大这一显著的优点也使得我们可以大量的放置真实的图片以及影像资料。

(4) 活跃页面

Flash技术的应用使得静止的页面在动态元素的参与下，变得活泼。并且动静之间相互作用，可以成功的对受众进行信息的引导。

(5) 网页动态广告的互动性

可以在动态画面中利用Flash的SWF格式加入交互性的事件，达到良好的互动效果，完成信息的传递功能。

2.网络广告创意过程

网络广告创意是影响广告效果的关键一环。不仅要确定广告所要传达的信息，而且还要确定其表现形式。要根据网络广告的目标和选择的目标群体，进行全面的综合分析和创意设计，以确定网页的内容主题、旗帜主题、诉求及表现方法等等。

3.网络广告设计制作

(1) 要有明确有力的标题

广告标题是一句吸引消费者并带有概括性、观念性和主导性的语言。明确有力的广告标题作用很大，特别是在网络广告中。根据统计，上网者在一个网络广告版面上所花的注意力和耐性不会超过5秒钟。因此，一定要在这短短的时间内吸引人潮进入目标网页，并树立良好的品牌形象。这时广告标题的设计就显得十分重要。

(2) 简洁的广告信息

在网络上，网络广告应该确保出现的速度足够快，通常在10KB—20KB（依不同媒体和版面而异），这是一般网络媒体可接受的图像大小，也是上网者能够接受的传输速度。所以，网络广告信息在目前互联网上发布时应力求简洁，多采用文字信息。

(3) 发展互动性

互动性的发展，这是体现网络广告优势的必由之路。如在网络广告上增加游戏活动功能，这将大大提高上网者对广告的阅读兴趣。

(4) 合理安排网络广告发布的时间因素

网络广告的时间策划是其策略决策的重要方面。它包括对网络广告时限、频率、时序及发布时间的考虑。

时限是广告从开始到结束的时间长度，即企业的广告打算持续多久，这是广告稳定性和新颖性的综合反映。频率即在一定时间内广告的播放次数，网络广告的频率主要用在E—mail广告形式上。时序是指各种广告形式在投放顺序上的安排。发布时间是指广告发布是在产品投放市场之前还是之后。根据调查，消费者上网活动的时间多在晚上和节假日。针对这一特点，可以更好地进行广告的时间安排。网络广告的时间策略形式可分为持续式、间断式、实时式。网络广告时间策略的确定除了结合目标受众群体的特点外，还要结合企业的产品策略和企业在传统媒体上的广告策略。好的广告时间策略不仅能提高广告的浏览率，还能节省广告费用。

(5) 正确确定网络广告费用预算

对于大部分上网企业而言，Internet仅仅是其整体营销沟通计划的一部分。上网企业首先要确定整体促销预算，再确定用于网络广告的预算。整体促销预算可以运用财务能力法、销售百分比法、竞争对等法或目标任务法来确定。而用于网络广告的预算则可依据目标群体情况及企业所要达到的广告目标来确定，既要有足够的力度，也要以够用为度。

(6) 设计好网络广告的测试方案

在网络广告策略策划中，根据广告活动所要选择的形式、内容、表现、创意、具体投放网站、受众终端机等方面的情况，设计一个全方位的测试方案是至关重要的。在广告发布前，要先测试广告在客户终端机上的显示效果，测试广告信息容量是否太大而影响其在网络中的传输速度，测试广告设计所用的语言、格式在服务器上能否正常处理，以避免最后的广告效果受到影响。

4.可变性

网络广告因为具有网络与广告的双重属性，所以一段时期广告会进行内容的更新，而网络这一传播媒介为广告的可变性提供了方便的条件。

5.邮件广告

电子邮件广告是一种低成本高到达率的广告宣传渠道。对上网的人来说，电子邮件对其生活和工作产生了巨大影响，并且逐步向没有上网的人口扩散。在所有互联网提供的服务中，电子邮件一直占居第一位。

电子邮件又称邮件列表广告，利用网站电子刊物服务中的电子邮件列表，将广告加在读者所订阅的刊物中发放给相应的邮箱所属人（图2-47～图2-49）。

6.流动广告

一般以字幕的形式或者图片以及小动画的形式出现（图2-50、图2-51）。

图2-47

图2-49

图2-48

图2-50

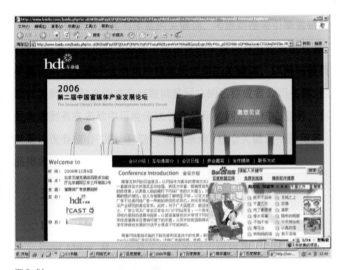

图 2-51

7.2007 中国网络视频广告的形式与特点

2007年中国网络视频广告在形式方面，可分为窄带广告和宽带广告两种。

(1) 窄带广告形式

以传统的页面广告为主。网络视频运营商通过吸引用户、培育用户习惯，为其平台带来巨大的用户基数、页面流量、点击量，这些均是评估平台是否具有广告价值的重要指标。

(2) 宽带广告形式

较窄带广告而言，宽带广告形式非常新颖，除了如视频贴片、赛事冠名、播放器贴标等从传统电视广告移植过来外，还有互动性更强，更加独特有趣的3D虚拟主持人、广告剧情植入等形式（图 2-52）。

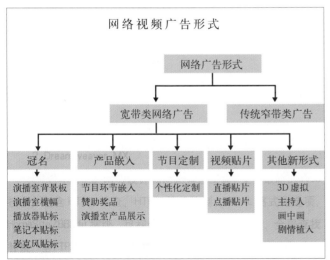

图 2-52

视频贴片广告即把广告内容打包到网络视频内容中，利用网民观看内容的缓冲时间播放广告。如企业品牌广告，影视类节目预告、片花等，其盈利方式采取千次展示或点击和广告时间来进行收费。从目前来看，贴片视频广告具有一定的优势，是吸引广告重要形式之一，很多网络视频运营商对此也在不断创新，如"视频广告联盟"的出现。

创新的视频广告目前国内网络视频运营商不断探索各类创新的广告模式。如悠视网根据自主知识产权的视频播放器，除提供贴片广告外，还可以向广告主提供多种创新的广告售卖方式，如3D虚拟主持人、画中画功能、广告植入剧情等等。此类广告模式新颖，用户反感率低，引起很多广告主的兴趣。

四、网络视频设计

1.网络视频特点

网络视频具有小文件量、高清、制作简易、传输面积广、更换灵活、可以交互选择、格式多样等特点。

2.网络视频格式

ASF格式：它的英文全称为Advanced Streaming Format，它是微软为了和现在的Real Player竞争而推出的一种视频格式，用户可以直接使用Windows自带的Windows Media Player对其进行播放。由于它使用了MPEG-4的压缩算法，所以压缩率和图像的质量都很不错（高压缩率有利于视频流的传输，但图像质量肯定会有损失，所以有时候ASF格式的画面质量不如VCD是正常的）。

WMV格式：它的英文全称为Windows Media Video，也是微软推出的一种采用独立编码方式并且可以直接在网上实时观看视频节目的文件压缩格式。WMV格式的主要优点包括：本地或网络回放、可扩充的媒体类型、部件下载、可伸缩的媒体类型、流的优先级化、多语言支持、环境独立性、丰富的流间关系以及扩展性等。

RM格式：Real Networks公司所制定的音频视频压缩规范称为Real Media，用户可以使用RealPlayer或RealOne Player对符合RealMedia技术规范的网络音频／视频资源进行实况转播并且RealMedia可以根据不同的网络传输速率制定出不同的压缩比率，从而实现在低速率的网络上进行影像数据实时传送和播放。这种格式的另一个特点是用户使用RealPlayer或RealOne Player播放器可以在不下载音频/视频内容的条件下实现在线播放。另外，RM作为目前主流网络视频格式，它还可以通过其Real Server服务器将其他格式的视频转换成RM视频并由Real Server服务器负责对外发布和播放。RM和ASF格式可以说各有千秋，通常RM视频更柔和一些，而ASF视频则相对清晰一些。

RMVB格式：这是一种由RM视频格式升级延伸出的新视频格式，它的先进之处在于RMVB视频格式打破了原先RM格式那种平均压缩采样的方式，在保证平均压缩比的基础上合理利用比特率资源，就是说静止和动作场面少的画面场景采用较低的编码速率，这样可以留出更多的带宽空间，而这些带宽会在出现快速运动的画面场景时被利用。这样在保证了静止画面质量的前提下，大幅地提高了运动图像的画面质量，从而图像质量和文件大小之间就达到了微妙的平衡。另外，相对于DVDrip格式，RMVB视频也是有着较明显的优势，一部大小为700MB左右的DVD影片，如果将其转录成同样视听品质的RMVB格式，其个头最多也就400MB左右。不仅如此，这种视频格式还具有内置字幕和无须外挂插件支持等独特优点。要想播放这种视频格式，可以使用RealOne Player2.0或RealPlayer8.0加RealVideo9.0以上版本的解码器形式进行播放。

补充介绍一下：

QuickTime (MOV) 是Apple (苹果) 公司创立的一种视频格式，在很长的一段时间里，它都是只在苹果公司的MAC机上存在。后来才发展到支持WINDOWS平台的，它无论是在本地播放还是作为视频流格式在网上传播，都是一种优良的视频编码格式。到目前为止，它共有4个版本，其中以4.0版本的压缩率最好！

3.网络视频的压缩格式

数码相机的短片录制的格式主要有：AVI（动态JPEG），QUIKETIME动态 JPEG和MPEG4格式。其中MPEG4也是最受大众欢迎的一种，代表着数码相机视频录制格式的发展方向。

MPEG4格式是以微软的MPEG4v3标准为原型发展而来的。它的视频部分采用MPEG4格式压缩，具有可与DVD媲美的高清晰画质；音频部分则以MP3格式进行高质量压缩；最后，由视频部分和音频部分组合成效果足以让我们耳目一新的AVI文件。MPEG4是网络视频图像压缩标准之一，特点是压缩比高、成像清晰、容量小，一部DVD-9碟，可以存贮10多部高清晰MPEG4网络电影。

MPEG4视频压缩算法能够提供极高的压缩比，最高可达200：1。更重要的是，MPEG在提供高压缩比的同时，对数据的损失很小。MPEG4是MPEG提出的最新的图像压缩技术标准。它可以说是对上挑战DVD、对下力压SVCD，其对DVD和SVCD造成的威胁不言而喻。据说MPEG4是美国禁止出口的编码技术，用它来编码、压缩一部DVD只需两张CDROM。况且播放（解压缩）这种编码，对机器的硬件要求也不高。但是目前的MPEG4并不完美，虽然在普通画面方面它已可与DVD相比，但是，MPEG4毕竟是属于一种高压缩比的有损压缩算法，在表现影片中爆炸、快速运动等画面时，它的缺点就开始暴露出来了——轻微的马赛克和色彩斑驳等VCD里常见的问题在这里也开始上演，其图像质量还无法完全和DVD采用的MPEG-2技术相比。但愿日后随着MPEG4的制作和播放软件进一步完善压缩和解压缩算法来逐步改进。

在目前国内外的网络摄像机及视频服务器的产品市场上，各种压缩技术百花齐放，且各有优势，为用户提供了很大的选择空间。

(1) JPEG，Motion-JPEG（松下系列网络监控产品的采用，稳定、图像清晰）

目前国内外采用最多，通用性最广的压缩格式。JPEG、M-JPEG采用的是帧内压缩方式，图像清晰、稳定，适于视频编辑，而且可以灵活设置每路的视频清晰度和压缩帧数。另外，因其压缩后的格式可以读取单一画面，因此可以任意剪接，特别适用与安防取证的用途。

(2) MPEG-4

MPEG-4的着眼点在于解决低带宽上音视频的传输问题，在164KHz的带宽上，MPEG-4平均可传5－7帧/秒。采用MPEG-4压缩技术的网络型产品可使用带宽较低的网络，如PSTN、ISDN、ADSL等，大大节省了网络费用。另外，MPEG-4的最高分辨率可达720×576，接近DVD画面效果，基于图像压缩的模式决定了它对运动物体可以保证有良好的清晰度。另外，MPEG－4在图像质量上也有待提高，在复杂的网路环境中，数据流过大时易导致数据流失。

(3) H.263

H.263是ITU-T提出的作为H.324终端使用的视频编解码建议，H.263经过不断地完善和多次的升级已经日臻成熟，如今已经大部分代替H.261，而且H.263由于能在低带宽上传输高质量的视频流而日益受到欢迎。

H.263是基于运动补偿的DPCM的混合编码，在运动补偿的DPCM混合编码，在运动搜索的基础上进行运动补偿，然后运用DCT变换和"之"字形扫描编码，从而得到输出码流。H.263在H.261建议的基础上，将运动矢量的搜索增加为半像素点搜索；同时又增加了无限制运动矢量、基于语法的算术编码、高级预测技术和PB帧编码4个高级选项；从而达到了进一步降低码速率和提高编码质量的目的。

(4) H.264

目前最先进的压缩格式(DIXON得视系列产品采用,实时性好)。

H.264不仅比H.263和MPEG-4节约了50%的码率，而且对网络传输具有更好的支持功能。它引入了面向IP包的编码机制，有利于网络中的分组传输，支持网络中视频的流媒体传输。H.264具有较强的抗误码特性，可适应丢包率高、干扰严重的无线信道中的视频传输。H.264支持不同网络资源下的分级编码传输，从而获得平稳的图像质量。H.264能适应于不同网络中的视频传输，网络亲和性好。

换言之,H.264能以较低的数据速率传送基于联网协议(IP)的视频流,在视频质量、压缩效率和数据包恢复丢失等方面,超越了现有的MPEG-2、MPEG-4和H.26x视频通讯标准,更适合窄带传输。

另外，也有部分厂商采用的是MPEG-1,MPEG-2压缩格式，除此之外，有的厂商还采用多种压缩技术相结合的方式，就是MPEG-4与JPEG相结合，在可以看到JPEG静止图像的同时，利用MPEG-4高级压缩功能，令高质量的动态图像也能在低带宽上传输。

4.可传输性

由于网络视频的文件量小，所以在传输上具有优势。另外多种文件格式为高速传输提供了可能。

5.交互性

网络视频的独特性正在于其交互性，网络技术使人类再一次得到解放，信息时代人们可以运用综合的信息传递方式，借助视、听、触等方式来获取更广泛的资源。交互的终极意义就是放弃视觉安排，让位于感官的随意参与。任何一种感官加热到支配地位时，都会排斥舒适的感觉。网络媒介不是拓展了空间的范围，而是废弃了空间的向度，恢复了面对面的人际互动。但又与那些直接的人与人的接触性体验不同，网络提供了更广泛的互动机会，更具有创造互动体验的能力（图2-53）。

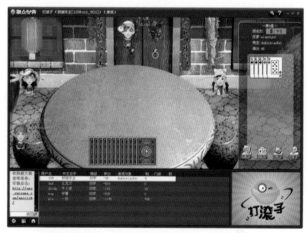

图2-53 交互性游戏网站

6.来源

网络视频来源于对于影视作品的压缩处理，创作者网下拍摄制作，动画软件制作等等。

7.改编（恶搞）

恶搞全称是恶劣的搞笑，简称EG。只要是内容搞笑无厘头，其形式不是最重要的，重要的是内容搞笑。对经典作品的篡改、变换主题、利用台词、使用分镜头等（图2-54）。

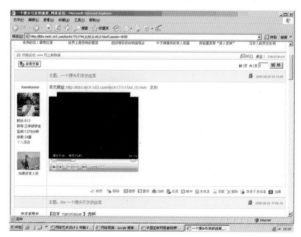

图2-54 网络恶搞《一个馒头引发的血案》

8.网络视频的传播

网络视频可以在线观看，要求网速很快——1兆以上的带宽，也可以下载到本地硬盘播放，另外也有视频聊天、视频电话等视频传播方式。

9.网络视频的设计理念

同大制作的影视设计理念一样，网络视频要直观，思路清晰，短小。

10.网络视频设计方式

首先确立视频主题，决定制作方式，列出设计方案，着手获得素材（拍摄、电脑制作），然后合成，配音，输出上传。

11.数码相机的短片拍摄

短片拍摄功能即数码相机具备拍摄视频文件的功能。有别于DV（数码摄像机），数码相机只可以把视频文件存放在记忆卡里面，由于记忆体的空间有限，所以视频文件的质量跟大小都比较差。

集中用于数码相机拍摄短片的文件多为AVI，有少数的照相机可以MPEG4来储存视频文件。以AVI格式记录的视频文件分辨率为320 x 240，每秒16帧的速度记录图片，这样的视频文件非常大，10分钟就可以消耗2G的空间。另一种是MPEG4格式的视频文件，以分辨率为320 x 240，每秒16帧的速度记录，以这种格式记录视频，体积较小。因为画质高，占容量少，MPEG4的记录模式已经在多款数码相机上使用。

索尼推出的数码相机，可以分辨率为640 x 480，每秒16帧的速度记录短片，在分辨率上已经接近DV短片的720 x 576（PAL制），但在记录速度上，还是有所不及DV的25帧每秒。而另一种记录格式是以160 x 112的分辨率，每秒30帧的速度记录短片，在记录速度上超过了DV带，而分辨率上有所差距。

一些数码相机在拍摄短片的时候，可以通过自带的麦克风进行现场录音。大部分的其他功能，例如变焦、白平衡调节等，在拍摄短片的时候都不可以使用（图2-55）。

12.网络音频视频、视频综合播放器

(1) Flash Player 能够播放小又快速的多媒体动画，以及交互式的动画、飞行标志和用Macromedia Flash做出的图像。这个播放器非常小，只需花一点点时间下载，对于在体验网页上的多媒体效果是个很好的开始。Flash也支持高品质的MP3音频流、文字输入字段、交互式接口等等很多东西。这个最新版本可以

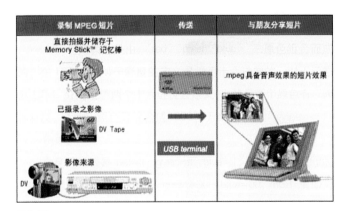

图 2-55

观看所有的Flash格式。若你要观看网页上的多媒体内容，Flash Player几乎是网络上的标准。为此播放器所制作的动画或图像十分常见（图2-56）。

图 2-56

(2) Windows Media Player 微软媒体播放器

这是微软公司基于 DirectShow 基础之上开发的媒体播放软件。它提供最广泛，最具可操作性,最方便的多媒体内容。你可以播放更多的文件类型,包括：Windows Media（即以前称为NetShow的），ASF，MPEG-1，MPEG-2，WAV，AVI，MIDI，VOD，AU，MP3，和 QuickTime 文件。所有这些都用一个操作简单的应用程序来完成。

Windows Media Player 10 提供了探索、播放、任何地点享受数字媒体高品质的体验（图2-57）。

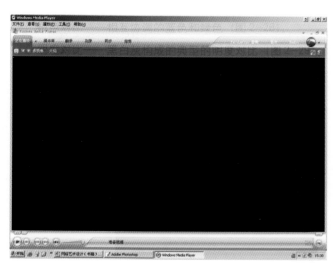

图2-57

(3) Media Player Classic 新媒体播放器

ffdshow 可以称得上是全能的解码、编码器。最初 ffdshow 只是MPEG视频解码器，不过现在它能做到的远不止于此。它能够解码的视频格式已经远远超出了 MPEG4 的范围，包括 Indeo video，WMV，MPEG2 等等。同时，它也提供了丰富的加工处理选项，可以锐化画面，调节画面的亮度等等。不知是视频，ffdshow 现在同样可以解码音频。

AC3、MP3 等音频格式都可支持。并且可以外挂 winamp 的 DSP 插件，来改善听觉效果。最近的几个版本中，ffdshow 已经和 ffvfw 整合，实现了视频编码。可以说现在的 ffdshow 已经是 Windows 平台多媒体播放的非常出色的工具了（图2-58）。

图2-58

(4) RealPlayer 媒体播放器

完全免费的超强的媒体播放工具，能够最流畅的播放已知的绝大多数流媒体文件。通过软件能直接访问由 Real 提供的精彩内容频道(休闲游戏、音乐、影视、搜索、图铃)（图2-59）。

图2-59

(5) Apple QuickTime 视频文件播放程序，包含 QuickTime Plug-in 和 QuickTime VR。QuickTimePlug-in 支持 Fast Start，所以你几乎感觉不到其他 Plug-in 装入时的那种等待（图2-60）。

图2-60

(6) 超级解霸3500——具有全编码格式以及影音互动的全面解决方案，可以感受专业的播放、最体贴的音频技术以及全面的多媒体优化指令（图2-61）。

图2-61

① 超级解霸3500内容介绍

具有全编码格式以及影音互动的全面解决方案，支持格式众多，新增30多种格式支持。

新增类：DIV3、DIV4、DIV5、AP41、COL1、DVX3、MPG3、DIVX、H263、S263、AC3、xvid、MP4、FLV等；

视频类：DAT/VOB/VBS/ASF/AVI/WMV/QT/MOV/RM/RMVB/RMM等；

音频类：CDA/MP3/MIDI/RA/WAV/WMA/AU等；

MPEG系统视频音频文件：DIVX／M1V／M2V／MIV／MPV／MPEG／MP1／MP2等；

其他文件类型：SWF／SMIL／SMI／RT等；

② 感受专业的播放

超强纠错，高清影视——独门DIRECTDVD/VCD/CD技术，HDFT增益滤波高清影像技术；

全格式，全兼容——影碟机VCD，无文件VCD/DVD光盘格式支持；

新增多种格式。支持的格式如下：MPA、AVI、ASF、WMV、RM、RMVB、MOV、SWF、VQF、DAC、MP3PRO、WMA、DAT、VOB、MPG、MP3、WAV、APE等支持图片浏览，例如JPG、GIF、BMP、PCX、TIF、PSD、PNG等图片格式。

③ 最体贴的音频技术

独创两声道环绕技术，可用一对普通音箱实现7.1环绕音场效果。

SPDIF输出技术，支持AC-3硬解码系统，令家庭影院超强震撼。

从影音文件分离声音数据，轻松把卡拉OK制成CD或MP3，还可随意提取电视电影主题曲。

特有音箱软接线技术，不必插拔，即可多种视频格式的自由声道控制。

另外还有很多播放器，根据不同的解码器而产生的。

AnyDVD 6.1.0.7（图2-62）

④ 快速、多能的DVD解码工具

1236 KB|Win2003/XP/2000/NT/9x/ME|试用版

图2-62

DFX for Windows Media Player 8.316（图2-63）

Windows Media Player 专用的音效 Plug-In 外挂程序。

1903 KB|Win2003/XP/2000/NT/9x/ME| 共享版|

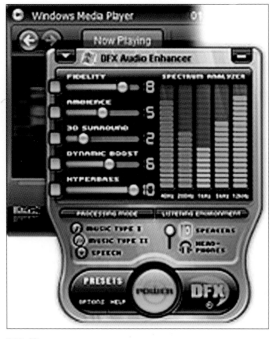

图2-63

Evil Player 1.18（图2-64）

一款小巧快速、强大并易用的媒体播放器！

338 KB|Win2003/XP/2000/NT/9x/ME| 免费版|

图2-64

风雷影音 1.60/2.0.2.1015 RC4（图2-65）

以MPC为基础的影音播放器，集成了大多数流行影片的解码器

图2-65

22682 KB|Win2003/XP/2000/NT/9x/ME| 免费版

ffdshow MPEG-4 Video Decoder 2007-01-10（图2-66）

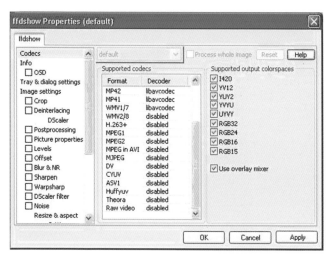

图2-66

ffdshow 可以称得上是全能的解码、编码器。

3256 KB|Win2003/XP/2000/NT/9x/ME| 免费版

五、网络音频设计

1. 网络音频的特点

网络音频特点是文件量小，易于网络传输，格式多样以配合视频画面输出，网络音频易于制作，兼容性好，有多种播放器播放。原创性、多样性、地域性这几个特点，是网络音乐在自身发展中的鲜明体现（图2-67、图2-68）。

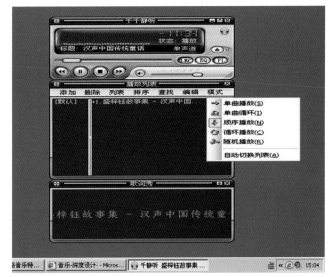

图2-67

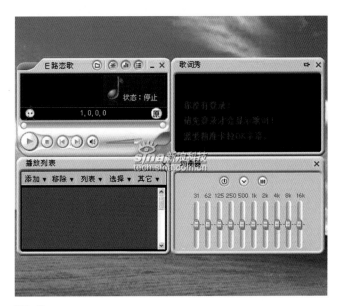

图2-68

KKplayer 1.5.0

KKplayer 是一款针对网上学歌、唱歌、听歌的绿色全免费音乐播放器。

10534 KB|Win2003/XP/2000| 免费版

2. 网络音频的格式

各种各样的音频编码都有其技术特征及不同场合的适用性，我们大致讲解一下如何去灵活应用这些音频编码。

(1) PCM 编码的 WAV

前面就提到过，PCM 编码的 WAV 文件是音质最好的格式，Windows平台下，所有音频软件都能够提供对它的支持。Windows提供的 WinAPI 中有不少函数可以直接播放 wav，因此，在开发多媒体软件时，往往大量采用 wav，用作事件声效和背景音乐。PCM编码的WAV可以达到相同采样率和采样大小条件下的最好音质，因此，也被大量用于音频编辑、非线性编辑等领域。

特点：音质非常好，被大量软件所支持。

适用于：多媒体开发、保存音乐和音效素材。

(2) MP3

MP3具有不错的压缩比，使用LAME编码的中高码率的MP3，听感上已经非常接近源 WAV 文件。使用合适的参数，LAME 编码的MP3 很适合于音乐欣赏。由于MP3 推出年代已久，加之还算不错的音质及压缩比，不少游戏也使用MP3 做事件音效和背景音乐。几乎所有著名的音频编辑软件也提供了对MP3的支持，可以将MP3像 WAV 一样使用，但由于MP3编码是有损的，因此多次编辑后，音质会急剧下降，MP3并不适合保存素材，但作为作品的demo确实相当优秀的，MP3 长远的历史和不错的音质，使之成为应用最广的有损编码之一，网络上可以找到大量的MP3资源，MP3 player日渐成为一种时尚。不少VCDPlayer、DVDPlayer甚至手机都可以播放MP3,MP3是被支持的最好的编码之一。MP3也并非完美，在较低码率下表现不好。MP3也具有流媒体的基本特征，可以做到在线播放。

特点:音质好，压缩比比较高，被大量软件和硬件支持，应用广泛。

适用于：适合用于比较高要求的音乐欣赏。

(3) OGG

OGG是一种非常有潜力的编码，在各种码率下都有比较惊

66

人的表现，尤其中低码率下。OGG 除了音质好之外，还是一个完全免费的编码，这对 OGG 被更多支持打好了基础。OGG 有着非常出色的算法，可以用更小的码率达到更好的音质，128kbps 的 OGG 比 192kbps 甚至更高码率的 MP3 还要出色。OGG 的高音具有一定的金属味道，因此在编码一些高频要求很高的乐器独奏时，OGG 的这个缺陷会暴露出来。OGG 具有流媒体的基本特征，但现在还没有媒体服务软件支持，因此基于 OGG 的数字广播还无法实现。OGG 目前的被支持的情况还不够好，无论是软件的还是硬件的，都无法和 MP3 相提并论。

特点：可以用比 MP3 更小的码率实现比 MP3 更好的音质，高中低码率下均具有良好的表现。

适用于：用更小的存储空间获得更好的音质（相对 MP3）

(4) MPC

和 OGG 一样，MPC 的竞争对手也是 MP3，在中高码率下，MPC 可以做到比竞争对手更好音质，在中等码率下，MPC 的表现不逊色于 OGG，在高码率下，MPC 的表现更是出色，MPC 的音质优势主要表现在高频部分，MPC 的高频要比 MP3 细腻不少，也没有 OGG 那种金属味道，是目前最适合用于音乐欣赏的有损编码。由于都是新生的编码，和 OGG 际遇相似，也缺乏广泛的软件和硬件支持。MPC 有不错的编码效率，编码时间要比 OGG 和 LAME 短不少。

特点：中高码率下，具有有损编码中最佳的音质表现，高码率下，高频表现极佳。

适用于：在节省大量空间的前提下获得最佳音质的音乐欣赏。

(5) WMA

微软开发的 WMA 同样也是不少朋友所喜爱的，在低码率下，有着好过 MP3 很多的音质表现，WMA 的出现，立刻淘汰了曾经风靡一时的 VQF 编码。有微软背景的 WMA 获得了很好的软件及硬件支持，Windows Media Player 就能够播放 WMA，也能够收听基于 WMA 编码技术的数字电台。因为播放器几乎存在于每一台 PC 上，越来越多的音乐网站都乐意使用 WMA 作为在线试听的首选。除了支持环境好之外，WMA 在 64—128kbps 码率下也具有相当出色的表现。

特点：低码率下的音质表现难有对手。

适用于：数字电台架设、在线试听、低要求下的音乐欣赏

(6) MP3PRO

作为 MP3 的改良版本的 MP3PRO 表现出了很好的素质，高音丰满，虽然 MP3PRO 是通过 SBR 技术在播放过程中插入的，但实际听感相当不错，虽然显得有点单薄，但在 64kbps 的世界里已经没有对手了，甚至超过了 128kbps 的 MP3，但是，MP3PRO 的低频表现也像 MP3 一样不如人意，所幸的是，SBR 的高频插值可以或多或少的掩盖掉这个缺陷，因此 MP3PRO 的低频弱势反而不如 WMA 那么明显。可以在使用 RCA MP3PRO Audio Player 的 PRO 开关来切换 PRO 模式和普通模式时深深的感觉到。整体而言，64kbps 的 MP3PRO 达到了 128kbps 的 MP3 的音质水平，在高频部分还略有胜出。

特点：低码率下的音质之王。

适用于：低要求下的音乐欣赏。

(7) APE

一种新兴的无损音频编码，可以提供 50%-70% 的压缩比。

特点：音质非常好。

适用于：最高品质的音乐欣赏及收藏。

3.网络音频的设计方式

网络音频设计是根据网站主题、网页特点来展开的，其设计方式有根据静态和动态画面需要制作音效，通过乐器用录音设备设计制作；另一种用专门的音乐生成软件设计制作，或者用专业的音频截取软件从素材光盘中截取。还有短声音效，例如：交互中的当鼠标点按某按钮时发出的水声或击鼓声等，是由录音或软件生成的（图2-69）。

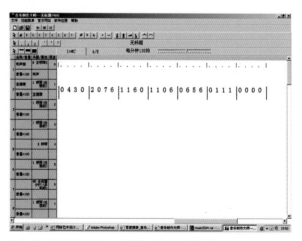

图2-69　音乐制作大师（一款很好的音乐制作软件）

音乐制作大师是一个傻瓜式简谱音乐制作软件，人人都可以用它制作自己喜爱的歌曲，无论是否具有音乐知识。只要按照乐谱逐一输入主旋律，然后点击鼠标，软件就能够创作歌曲配器，配上和弦，打击乐，让一个电脑乐队来演奏音乐。

(1) 简谱的输入：只要会使用鼠标就可以输入简谱。

(2) 和声的输入：确定每小节和声及和声指法类型。

(3) 打击乐节奏型的输入（可以确定每个小节的打击乐器节奏型）。

(4) 自动配器：输入完第一声部的主旋律，选择自动配器功能，能自动为歌曲配置相应的和声及打击乐器。

(5) 支持 20 个声部。

(6) 支持 128 种乐器。

(7) 支持歌词的编辑。

(8) 播放：播放你所编辑的乐曲。

(9) 速度调节：调节播放的速度。

(10) 调的调整：可以将歌曲以不同的调来播放（当你调整了歌曲的调，所配置的和弦也会做响应的调）。

(11) 将歌曲保存为 MID 文件。可以供其他任意播放工具播放，并且，可以在其他音乐软件中使用。还可以将所编的歌曲下载到手机上作为铃声。

(12) 直接在 word 中实现乐谱和文字混合排版。利用 word 强大的排版打印功能可以实现打印等。

类似的音乐制作软件还有很多，例如：

① Music MasterWorks V2.37

是 MIDI 音乐编辑器，该程序可使你通过键盘或鼠标快速创建音乐，功能与文字处理器类似，它可使你同时打开数首歌曲，并在它们之间进行剪切拷贝与粘贴。你也可以在多重窗口下开同一首歌，每一个窗口具有不同的专用道或设备。其他特征包括可在 MIDI 文件格式下储存及搜索文件，旋律创建，用功能键来保持维解、交换以及忽略复杂声道或频道的能力。

② TaBazar 2.3

音乐创作工具，提供五线谱绘制功能，提供节拍或是暂音等基本的伴音效果，以MIDI音乐的方式将你的创作呈现出来，做个即时的欣赏。能够导入 Guitar Pro、ASCII、与 MIDI 文件格式，做 ASCII、MIDI 与 BMP 的格式输出。

③作曲大师 五线谱共享版 3.0

作曲大师是历时两年开发的国产大型音乐软件，荟萃了作曲最需要的接近200项功能，以五线谱和简谱为基础的的专业作曲软件，面向广大音乐爱好者，只要懂得基本的音乐知识，就可以很快跨入电脑音乐创作的世界，足以挑战外国产品。此软件拥有功能强大的五线谱创作平台，可以完全处理大多数五线谱符号，不仅是音乐创作的强力工具，更是辅导孩子或学员学习音乐的好帮手，对于新手，更有充满乐趣的完整的电子琴功能，可以记忆，重放，保存，调节音色，伴奏之类，随手的弹奏也可转换成五线谱。支持 WINDOWS 95+IE5.0、Windows 98、Windows ME、Windows 2000 等操作系统。

④乐师 95

计算机简谱辅助作曲软件(中英文 2 合 1 版)

⑤ Midi 钢琴

一个不错的钢琴软件，非常动听。

⑥ Guitar 桌面吉他演奏家 1.0

⑦ GuitarPrv2.2

吉他乐谱制作软件。

4. 影音配合设计

影音配合是指根据网络视频画面，艺术化的适合性的配以音效，音效的设计主要是依据画面情景特点，如画面是热烈，那么音效也应是热烈的等，依据画面情节的高低发展音乐也是随之变化的。音乐设计根据视频的观众心理设计。

思考题

1. 网络广告设计方式是什么？

2. 网络视频格式有哪些？

3. 网络音频解码形式有哪些？

4. 如何理解影音配合设计？

中國高等院校

THE CHINESE UNIVERSITY

21世纪高等院校多媒体影像艺术设计专业教材

21st Century University Multimedia Art-designing Professional Course

CHAPTER 3

浏览人群分析
网络交互艺术
西方网络艺术
网络特色设计

网络设计特色分析

本章要点

- 网络艺术设计的针对性
- 网络交互特色
- 对特色网站的理解
- 西方网络艺术发展经验
- 门户网站的特色
- 网络艺术设计的特点
- 开放式论坛网站的特色
- 网站的展示方式

第三章　网络设计特色分析

第一节　浏览人群分析

网站整体形象策划是中国近年来发展起来的边缘学科，是一个感性思考与理性分析相结合的复杂过程。它的方向取决于设计的任务，它的实现依赖于网页的设计。

网站整体形象的设计是展现企业形象、介绍产品和服务、体现企业发展战略的重要途径，因此必须明确设计的目的和用户的需求，做出切实可行的设计计划。

所以总体的设计方案主题鲜明，目标明确，做出完整的构思创意定位整体风格并规划出其组织结构。好的设计作品需要设计师与客户不断沟通协调。构思时要充分了解客户需求，产品种类、特性，以及所针对人群的特点如年龄、性别等。还要了解市场的规律，最好具有丰富的营销，策划经验，通晓互联网，这些都是一个网页设计师应该具备的能力。

一、儿童网络浏览分析

儿童网络的浏览者大都是些孩子或者孩子的家长与孩子们一同观看，所以色彩上的温馨，形式上的活泼是设计的主要方向。

色彩：色彩是造型艺术的重要要素之一，它有着先声夺人的吸引力。一个好的设计作品，必须具有良好的视觉效果，准确的传达信息，引人入胜的色彩运用及搭配，以捕捉人们的注意力。因此，如何运用色彩的功能性来制造设计艺术的视觉冲击力、传达力和调动人们的情绪是极为重要的。

婴儿色彩分析：婴儿通常指出生不到一周年的婴孩，那么观看这类网页的都是刚为人母或即将为人母的年轻女性。所以在选择颜色时适合用明亮、清洁、淡雅的色调，让人感觉柔和、温暖、安适与亲切（图3-1）。

版式结构：清晰明了的结构最能够表现舒适放松的主题（图3-2、图3-3）。

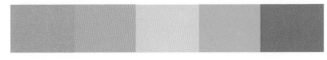

图3-1　（基本色调）

图3-2

图3-3

儿童 少年色彩分析：儿童、少年的性格活泼好动，富有朝气。他们喜欢鲜明热烈的颜色，那么在色彩的纯度上适宜用高纯度的色彩，太阳般的颜色营造出热烈、欢愉的气氛（图3-4）。

版式结构：自由活泼富有变化的版式设计最能激发孩子们的想象和对未知世界的探求欲（图3-5、图3-6）。

图3-4

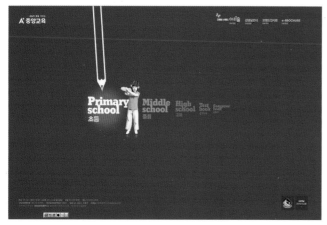

图3-5

72

图3-6

二、大众网络浏览分析

大众网络浏览者的年龄跨度很大，通常从十几岁到几十岁。需要设计明了简单，具有易识别性。设计师不仅要把美的感觉和设计观点传播给观众，更重要的是广泛调动观众的激情与感受。读者在接受版面信息的同时，并获得娱乐、消遣和艺术性的感染。网页设计是科技与艺术的结合，是商业社会的产物，要通过诸多领域的知识不断的完善。大众类的网络我们主要分为娱乐和休闲两类。

例一（图3-7）：

图3-7

色彩分析：色彩淡雅，灰色底子的处理使阅读变得简单和舒适。

版式结构：结构比较自由，页面的视觉中心向下移动，导航栏的位置偏下。

设计重点：灰色底色的渐变处理富于色彩的变化，随意的图片的排列使设计显得轻松别致。

例二（图3-8）：

图3-8

色彩分析：棕黄色的地子处理更好地衬托出了矢量图形创作的主题图案的优势。

版式结构：采取块状分布使内容区域划分合理。

设计重点：灰色框的突破束缚带有精彩的浅痕处理,精确地表现了作为游戏网站带给人们的刺激的心理感受。

三、高知识人群网络浏览分析

高知识人群网络我们简单分为文化类和艺术类。文化教育类涵盖文字内容一般比较多,主要是针对寻找资料或某一主题信息的网络群体。所以颜色设计要简单明了,版式构成格局分明便于浏览阅读。艺术类风格比较有特点,设计前卫,充满个性表现力。创出独特的视觉效果。

例一 (图 3-9)

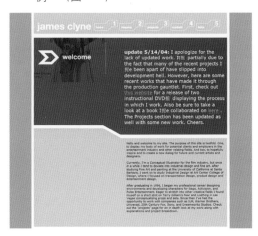

图 3-9

色彩分析：简单高雅的色块将页面的主要内容分割开来。

版式结构：采用了较常用的左右结构式。主要文字部分成面的排布。

设计重点：方正的严谨框架块面、粗背景的框的设计,显得整个设计严谨齐整。大的色块排布整体明了。

例二 (图 3-10)

图 3-10

色彩分析：含蓄的灰色作为大的背景色表现出了高雅的艺术品位。

版式结构：作为艺术类的网站这种规矩的版式排列倒是很出乎意外,但是表现出了这种绘画方式的传统性与历史性。

设计重点：斑驳的色彩肌理经典怀旧的色彩打造了这一网站的艺术独特性。

四、信息网络浏览特色

信息网络顾名思义是我们搜寻相关信息所借助的搜索平台。其特点文字内容较多,而且它可以延伸到各个领域,浏览者范围广泛。设计要注意页面的分割、结构的合理化、页面的优化等问题。但是各类的信息网络划分内容纷繁复杂,所以设计风格各有千秋。

例一 (图 3-11)

图 3-11

色彩分析：简单明了清新自然。

版式结构：首页的框架结构非常简洁,一般为上下结构式,主要是产品分类导航。

设计重点：左上角的 Logo 设计时尚简单。

例二 (图 3-12)：

图 3-12

色彩分析：多种色彩的组合在信息类网站中很少见，色彩和谐醒目。

版式结构：信息的分区处理使信息网站的功能体现的淋漓尽致。

设计重点：大胆用色及图片的艺术性处理是这个网站醒目的主要原因。

五、商业网络浏览分析

商业网络主要是展现企业形象，介绍产品和服务，体现企业发展战略的，那么浏览商业网站的群体有着不同的商业目的：一是要了解企业的商品，二是了解企业的文化。所以真实图片的应用在宣传企业产品的时候非常具有说服力。根据商业的档次与规模浏览者也是要划分类别的。

例一（图3-13）：

图3-13

色彩分析：大面积的使用黑色使页面的重心向上，更多地关注精致的产品图片说明。

版式结构：采用最典型的上下结构式，庄重大方。

设计重点：精致照片的使用，主体文字的排版形式以及红色这一点睛色的运用是该设计的亮点。

六、展示网络浏览分析

展示网络经常用作个人的个性展示以及其他向观众展示物品的网络。因为展示网络为了展示事物，所以大量的图片会应用在网络上，那么浏览者以欣赏为主要目的。根据需要还会下载喜好的图片，所以在图片的选择上要求图片优化处理。

例一（图3-14）：

色彩分析：白色的空白背景留下了无限的想象空间，黑色与红色的不规则的面的处理和肌理的不同展现了艺术家的狂放不羁的艺术魅力。

版式结构：不规则的版式结构更符合艺术家无止境的艺术追求以及天马行空的艺术思想这一主题。

设计重点：意境潇洒空灵的气氛营造是这个网站的主要特点。

图3-14

例二（图3-15）：

色彩分析：纯黑的背景色使博物馆的网站气氛显得神秘与悠久，更有利于主体图案的时时更新。

版式结构：左侧集中了导航信息，右侧则留下大量的空间展示主体图案，符合展示网站以展示为主的目的。

设计重点：主体字的排列设计变化风趣比较有意思，色彩之间相互呼应，整个设计整体富有变化，一气呵成很是舒服。

图3-15

七、版面布局分析

网页版面布局以导航栏的位置为界，大致可以分为：上下左右结构，综合结构，无规则结构等几类。

上下结构通常以上方为导航条，或者动态的公司企业形象（广告区域），下方则是内容部分（包括图片以及文字部分），左右结构式一般导航栏处在页面的左侧。右侧则是网页的内容部分及形象的展示（图3—16）。

图3—16

综合结构式比较复杂一点，其特点是功能模块多，信息分类详细，因此根据需要采用区域板块结构较合适。很多商业网站习惯采取此类结构（图3—17）。

图3—17

无规则结构式有别于其他的框架结构，最大的特点就是它的设计的无规则。重在突出个性。相对来说，页面的信息量较少，通常一张形象广告照片或者大胆的图形设计，重在渲染气氛。在各个区域有进入下页的链接入口。无规则框架式风格较

随意自由，凸现设计者的思想及审美趣味，能给浏览者带来非常强大的视觉冲击。所以以宣传产品或自身形象的企业和个人网站的爱好者都钟情于此种设计样式（图3—18）。

图3—18

思考题

1. 商业网络浏览如何分析？

2. 如何理解网络艺术设计的针对性？

第二节 网络交互艺术

一、交互的原理

交互界面是由个体行为建立并保持的一个特殊空间。网络交互界面则介于人类与机器之间。人、机分野的每一边都各自真实存在,显示器的一侧是人类真实的生活空间,另一侧是虚拟的网络空间。交流双方属于不同的"质",交互界面则在这两个不同的"质"之间搭起交流的桥梁。它反映的不是交流双方的主客体关系,而是一种"等同关系",机器不仅仅是工具,也是我们社会的积极参与者。

二、交互艺术的视觉感受

新颖的界面使系统更加契合、完整、易于操作,动态性和趣味性更强的导航方式,可以使人感觉到设计是基于用户自身的选择而做出的相应的动态配置。

三、交互中的心理感受

网络界面中的反馈与控制是一种简单的方式,它使受众、

用户、参与者、客户不断了解交互的各个阶段，并使其体验到操纵的感受。

想要获得广泛的感召力，网络必须有效、有用、有娱乐性，还必须以一种令人乐于接受的方式呈现自己。基于网络媒介的交互设计的巨大问题，人类对于机器以及对于人机关系的认识发生了变化；人类要与机器分享空间，并要与机器相互依赖。它能激发感情，还能改变人们固有的观点。

四、网络交互特色

网络交互的独特之处在于促进了陌生人之间的交往，由于没有性别、年龄、种族、社会地位等方面的可知特征，由于网络交往的"匿名性"，使网络用户彼此的印象和言行都源自极具流动性的ip。人们似乎躲在屏幕后面，因此少了许多顾忌。这种面具下的互动无疑给网络的人际交往带来了巨大的活力。

五、交互设计

交互设计，提供了一种文化创新的凝聚力，把广大虚拟社区具有共同社会、政治与经济利益的不同人们凝结起来，新形式就比当前的更具表现性、更加个性化、更加交互性和更加有责任感。网络交互技术将有助于满足受众对更个性化的信息日益增长的需求，但它不能消除对人类判断、分析能力的需要。而这恰恰是设计师的职责所在。设计师不仅是设计"事"、"物"的创造者，更重要的是生活信息和交互体验的传播者。交互设计师应该运用崭新的思维与符号，表达文化与交流、生活。

交互设计的任务包括：创造出高可用性的界面；让界面有良好的体验让用户在使用过程中有愉悦感、成就感，感觉到被尊重。

Flash 交互设计举例：

响应鼠标的图片淡出入效果

(1) 新建一个文档，所有的设置均保持默认；

(2) 导入一张图片到库里，然后新建一个影片剪辑类型的元件，名称为pic0，把这张图片从库里拖到舞台上，然后对齐在舞台中央；

(3) 再建一个影片剪辑类型的元件，名称为pic1，从库里把pic0拖入到舞台中央，然后在第20帧插入关键帧，选中第1帧点右键，创建补间动画，将第1帧的pic0的alpha设为0，然后分别在

第1帧和第20帧加入代码stop()；

(4) 回到主场景中来，将pic1拖入主场景来，实例名为pic1，选中该影片剪辑，打开动作-影片剪辑面板，加入动态响应代码；

(5) 新建一层，然后加一个装饰用的边框就可以了；

(6) 按ctrl+Enter测试影片，用鼠标划过就可以看到效果了。

思考题：

1. 如何描述交互设计现象？

2. 网络交互的特色是什么？

第三节 西方网络艺术

一、西方网络艺术发展历程

1989年，伯纳·李（Berners-Lee）发明了万维网（world wide web），把互联网的应用带入全新的境界。

1998年，目前最著名的搜索引擎google问世。

1999年，电视机顶盒TiVo（美国著名品牌）出现，可自动搜寻节目、数字录影长达140小时，摆脱了看电视不再受电视台预定时段的约束。同年，网络后起之秀Pyra Labs建造了网上日志 Web Log写作工具Blogger。

2002年，Google发布Google News（注：中文新闻于2004年9月推出），新闻的选择与刊发自动生成，不用人为编辑。

2003年，Google并购Blogger，成为博客年（中国博客也由本年兴起）。同年，微软推出Newsbot，汇集网上新闻给读者，与Google News抗衡。

西方的门户网站设计呈现出朴实实用的风格，德国汉学家总结中国网站文字排列密集，图像色彩艳丽，而相比之下，西方国家的网页设计明显受到包豪斯(Bauhaus)的技术美学思想的影响较深。

现今的西方网络艺术设计如同西方电影一样向着科幻、超现实、华丽、立体化方向发展。

国际网页设计奖开始于1998，它是第一个真正的 Web 设计师和图像艺术家组织国际组织来评估认可他们在过去一年中所做的工作。被"连线杂志"评为世界顶尖5大互联网奖项之一，该奖因为它的评奖严格认证和质量保证而具有非凡的价值（图3-19、图3-20）。

二、西方网络艺术作品举例分析

西方一些成功的商品展示网站趋向立体化（图 3—21～图 3—25）。

布局上，西方网站首页用了很大的篇幅去展示产品，而其他地方也没有太多文字，只是一些链接。作为商业性网站最重

图 3—22　简约、明快

图 3—23　实用主义

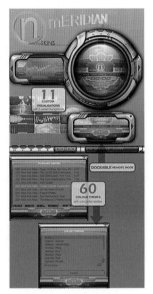

图 3—19　　　　　　　　　　图 3—20

要的就是展示与宣传自己的产品和服务。所以在首页大面积的展示产品是最佳方案。

色彩上，西方网站采用了灰度与绿色的搭配，色彩不多，但

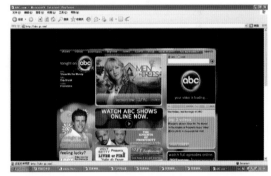

图 3—24　特色分明

图 3—21　质感强烈

图 3—25　直观型

是在这很少的色彩上却做足了文章，具有一定的"色彩层次"。

技术上，FLASH、HTML、ASP，一些西方网站都有所运用，网站的技术着力去服务设计，表现得并不张扬。

文字上，西方网站的文字在网页中的作用就是描述网站极力去展现的事或物，所以让浏览者看得舒服才是最重要的，文字的大小、文字色彩与背景色之间的关系、字距、行距、段距、每行字数等都是精心思考的。

制作上，制作精良，表现得很有质感。

兼容性上，西方网站在IE6.0与Mozilla1.6下浏览显示正常！

思考题

1.如何理解西方网络艺术？

2.西方网络艺术发展历程及经验是什么？

78

第四节　网络艺术设计现状分析

一、网络艺术设计各方向举例、分析

1.门户网站特色

简单地说，术语"门户网站"指的是访问多个信息源的单个点。每个信息源都被称为一个 portlet。portlet 是出现在门户网站页面上的其中一个小窗口或内容区域。门户性网站处于该行业领导性地位，具有很强的代表性（图3-26）。

2.工具性网络

工具性网络是指可以在网络上随时使用工具功能的网络设计。它比较注重实用性（图3-27）。

图3-26

图3-27

3.搜索功能

网络中信息量巨大，要在如此巨大的信息中找到自己所要的，就必须使用搜索功能，按照一定规律排列的信息为搜索带来了方便（图3-28）。

图3-28

4.开放性论坛

开放性论坛，是指论坛中的每个参与者同时又是建设者，他们可以向论坛上传任何感兴趣的信息，当然必须遵守国家法律，遵守互联网管理条例等，这种向论坛中上传信息的行为，俗称"灌水"（图3-29、图3-30）。

5.展示性网站

主要是指建网站的目的是为了展示某一种事物，让受众有更深入的了解（图3-31）。

6.平面性

是指设计上完全平面化的网络作品（图3-32）。

7.全动画效果

是指网络设计中完全使用动画的设计效果，这种设计独特、有吸引力（图3-33）。

图 3-29

图 3-30

图 3-31

图 3-32

图 3-33

图 3-34

8.综合性

是指综合上述各种设计方法而形成的网络设计作品（图
3-34）。

二、网络艺术设计的特点

1.覆盖性:覆盖性是指网络艺术设计包含了以往众多设计领
域，设计主题全面多样。

2.通俗化:网络设计的受众是社会各阶层的人，所以要求
设计要通俗化。易于理解，便于实用。

3.开放性:网络艺术设计有时是需要受众共同完成的,所以
它的设计也同时具有开放性。

4.累积性:网络艺术设计是一点一点完成的,是在使用中不断完善的,同时它也是允许不断修改丰富的（图3-35）。

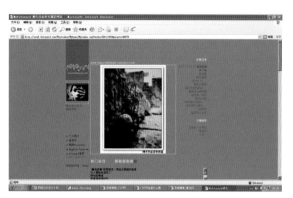

图3-35

三、网站特色分析

1.内因类

网站是否能满足较多用户的需求。这里的较多不是一个绝对的量,要依情况而定。如Flickr满足人们分享、存储图像的需求,这个人群是非常大的。

而Linkist满足人们建立人脉的需求,有这个需要的人群也很大。但要说一个绝对的量,就不好估计了。总之,网站要能满足较多用户的某种(或几种)需要。网站的易用性、用户体验是否够好（图3-36）。

图3-36

一个针对广大群众的网站,其对易用性的考虑是必要的。如果操作流程、功能实现等设计得太过于复杂,那么,是会吓跑用户的。而好的用户体验,才是用户持续使用你的服务,并愿意贡献信息和资源的重要前提。所以,对于网站经营者、建设者来说,这是一个需要充分考虑的问题。而且,这也会催生UI设计师这一个新的职业的出现。

用户体验主要涉及这几个方面:

品牌内涵形象(如Google,图3-37)。

操作是否简便(如del.icio.us,图3-38)。

功能是否够用(如flickr,图3-39)。

界面是否美观(如digg、last.fm,图3-40)。

图3-37

图3-38

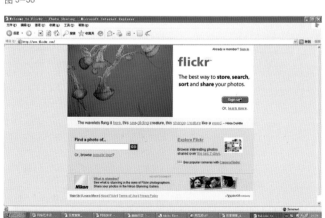

图3-39

图 3—40

图 3—42　用户的数量是否够多

图 3—41

图 3—43　用户是否愿意为网站贡献资源—开放型论坛图

速度和稳定性(如豆瓣，图 3—41)。

已有资源的质量和数量。

只有当已有资源够多够好时，才会有更多的用户愿意加入进来，网站本身是否有足够的、持续的吸引力。

只有当网站有足够的、持续的吸引力时，它的经营、发展才是稳定的、增长的。

2.外因类

(1)用户的数量是否够多。

多的用户数量，则说明有多人在关注网站，也说明网站有更大的潜力，更说明影响力的大小，这些注册用户是网站最重要的有生资源（图 3—42）。

(2)用户是否愿意为网站贡献资源（图 3—43）。

资源是网站最重要东西。它们可有多种形式：图片、音频、视频、文章，甚至是关系。要让用户免费为网站贡献资源和信息，有三点是很重要的：对用户自身有什么意义、好处。 用户

体验是否够好。(如操作方便) 网站是否会诱导。

(3)网站的知名度是否够高

有更多的人知道该网站及其提供的服务，那么，目标用户需要由该网站提供的那种服务的时候，他们选择该网站的几率就大大的提高了。从而，使网站的规模、实力、潜力，都一点点地得到增强。

(4)要让更多人知道该网站，主要靠广告宣传和口碑宣传：

广告宣传：比如淘宝和eBay易趣，都做了大量的广告宣传，其目的就是要让更多的人知道它们。而当这些人有买卖商品的需要时，自然就是奔向它们了（图 3—44、图 3—45）。

口碑宣传：

媒体吹捧(在线媒体、门户的宣传，传统电视台、电台、纸媒的宣传等)。

用户推广(如有名的病毒式营销、Blogger们的介绍、用户介绍朋友等)。

图 3-44

图 3-45

总之，网站的特色分析是建立在对绝大多数网站了解的基础上，找出还没有被多数网站利用的建站形式，形成特色，比如纯文本形式、纯图片形式、纯动画形式等，大量使用音效、趣味交互式等等。

商业门户网：阿里巴巴（图 3-46）

旅游特色网站：云南旅游（图 3-47）

游戏网站：联众（图 3-48）

新闻门户网站：CCTV（图 3-49）

新闻资讯搜索：雅虎（图 3-50）

纯文字型网站：新竞争力（图 3-51）

4. 特色网站举例（截图）

(1) 交互式商业网站（图 3-52，图 3-53）

(2) 门户网站（图 3-54，图 3-55）

(3) 搜索网站（图 3-56）

(4) 动画网站（图 3-57、图 3-58）

(5) 开放式论坛（图 3-59）

(6) 普通信息网站（图 3-60）

图 3-46 商业门户网 阿里巴巴

图 3-47 旅游特色网站 云南旅游

图 3-48 游戏网站 联众

图 3-49　新闻门户网站　CCTV

图 3-50　新闻资讯搜索　雅虎

图 3-51　纯文字型网站　新竞争力

特色网站举例　（截图）

1.交互式商业网站

图 3-52

图 3-53

2 . 门户网站

图 3—54

图 3—55

84

3.搜索网站

图 3-56

4.动画网站

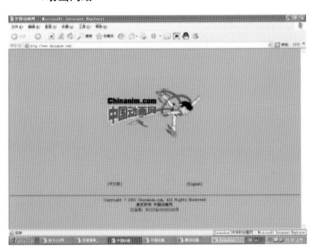

图 3-57

图 3-58

5.开放式论坛

图 3-59

6.普通信息网站

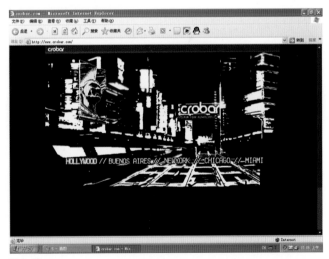

图 3-60

思考题

1.什么是门户网站的特色?

2.开放式论坛的特色是什么?

3.如何理解网络艺术设计特点?

第五节　网站特色设计

一、网站特色设计

1.平面化设计

平面风格的设计侧重于构图、色彩及表达的设计思维主旨。此种风格在网页设计里最为常见且最为实用。门户与新闻类网站，运动与休闲类、文化教育、生活时尚以及个人网站都可见平面风格设计的作品，平面风格的设计已经渗透到各种类型的网站之中（图3-61，图3-62）。

2.多媒体化设计

网站的设计中插入媒体对象即在Dremweaver文档中可以插入Flash、QuickTime或Shockwave影片以及Java applets、ActiveX控件或者其他音频或视频对象（图3-63，图3-64）。

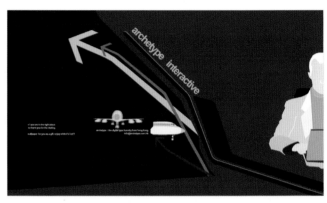

图3-62

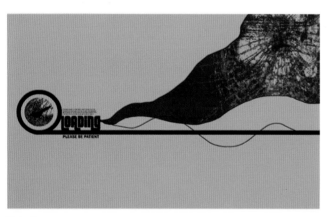

图3-61

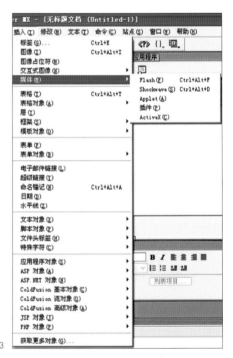

图3-63

图3-64　彩色的环状体做圆周运动，与静止的建筑物形成动静之间的呼应关系，使我们感受另外一种恬静的生活状态。

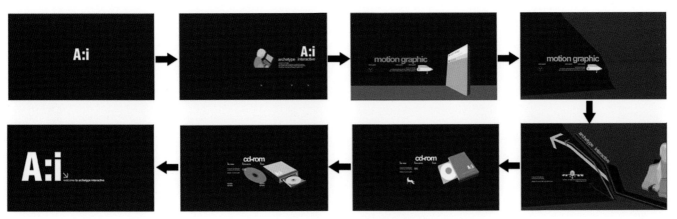

图 3-65

3.动画性设计

动画为主设计的表现手法能提高人们观赏页面的兴趣，动画效果往往被应用于首页的企业形象展示、产品展示、个性展示以及内页中的广告宣传区（图3-65）。

网页动画的特点（图3-66）：

视觉冲击力强、信息容量大、生动真实、活跃页面、网页动画的互动性。

4.图片设计

图片对受众的吸引力也远远超过单纯的文字。因为图片能具体而直接地把我们要传达的信息真实有效地表现出来，充满了强烈的导读效果。也可以使整个版面立体、真实。

图片的类型

（1）摄影类

由于摄影类的图片能够直观、真实地再现产品、个人，企业形象并且可信度高。摄影图片还可以营造真实生活场景的气氛。因此在网页中运用的范围最为广泛（图3-67、图3-68）。

图 3-67

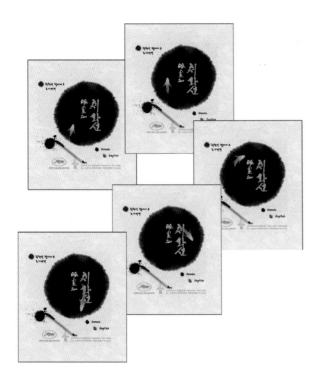

图3-66　鱼形图案随着鼠标的移动展现不同的运动姿态

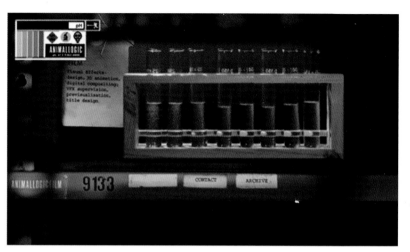

图 3—68

(3) 抽象图形类

能传达具象图形难以表现的含义。主要通过点、线、面及圆、方、三角等几何形式的组合排列传达出一定的主题思想,这种简洁的视觉语言往往能够激发浏览者的想象力 (图 3—71)。

(4) 图标图形类

此类图形图标小巧精致,生动活泼多用于局部内容区域的区分与点缀,生动贯穿于整个页面 (图 3—72)。

(2) 矢量漫画类

另一类网页风格的个性表现手法,采用漫画类插图,通常色彩对比强烈,人物造型奇特,主题思想夸张幽默形式多种多样,具有很强的装饰效果。给人以耳目一新,印象深刻的感觉 (图 3—69、图 3—70)。

图 3—69

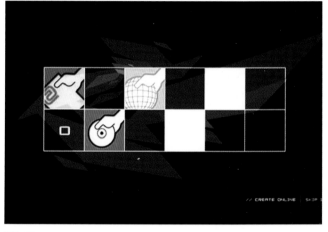

图 3—71

图 3—70

图 3—72

5.交互设计

交互式设计是最有感情的最生动的设计形式，因为交互设计是设计者与受众者要一起配合或者人机对话共同进行的活动。交互式设计主要是设计者与受众者要一起配合共同进行和完成网络艺术设计，会随机产生不同的艺术效果，那么由于网站的内容要时时更新，交互设计是非常新颖的，我们常见的展厅的导视系统，银行的取款机都属于生活中的交互系统。那么网络的交互大型网站都是在人机配合的过程中完成商业交易。交互过程中的每一个步骤设计都要符合人体视觉的舒适（图3—73）。

6.开放性设计

开放的空间，受众彼此进行交流互助性的设计及内容的填充。流行的博客网站就属于这种形式。那么设计上无论是框架结构还是色彩方面都自由很多，全凭自己的喜好（图3—74）。

7.立体化设计

立体化设计是指界面看上去有立体效果（图3—75）。

二、网站展示方式

1.静态展示

静止的页面偏偏放置在充满现代感与时尚的网络上，给人开发的欲望和探求的心理（图3—76）。

图3—74

图3—75

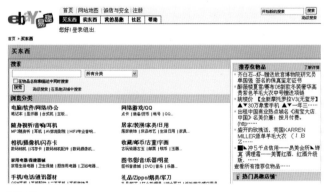
图3—73

图3—76

2.动态展示

含有一项或几项媒体的介入，在页面中插入音效以及动态的因素（图3-77）。

3.动画展示

页面的页首经过一段动画的形式展开（图3-78）

4.飘动效果

跟随鼠标的移动画面产生变化（图3-79、图3-80）。

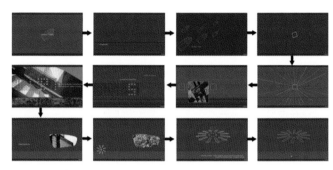

图3-78 点线面抽象元素的变化运用非常精致

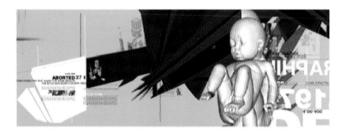

图3-77 在首页的设计中加入了动态的展示

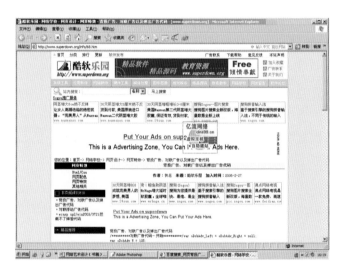

图3-79

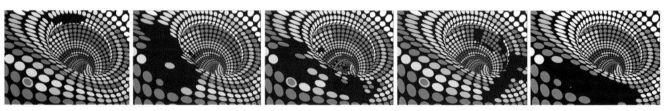

图3-80

5.背投式展示

页面全部打开的展示方式我们称为背投式展示（图 3—81、图 3—82）。

6.消息式展示

在页面当中插入消息式小广告（图 3—83）。

7.小窗口展示

新页面以小窗口的形式展开（图 3—84）。

图 3—83

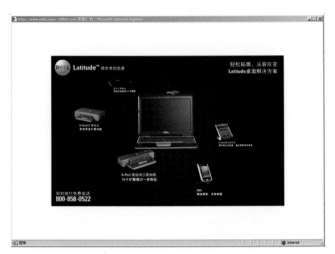

图 3—81

图 3—84

图 3—82

思考题

1.什么是网站的特色设计？

2.网站的展示方式有哪些？

面向网络互联时代的未来：

网络时代的到来，预示着未来的一切都在艺术的想象和构想中获得成功和实现的可能。创造和创新构成了一个社会发展的本源动力。在这个科技迅猛发展的时代，尤其是计算机技术和网络的繁荣及其带来的数字艺术的发展，使网络艺术设计工作者肩负着重要的基础建设和再创造的使命。网络艺术设计工作者在网络互联的平台上表达自己的思维理念，表达对新事物的敏感和追求。领先时代，与时尚相连，将艺术与生活通过观念与技术互联，在视觉、听觉甚至触觉，乃至心理上得到全新艺术体验。在网络中每个人都不是旁观者，大众化的生活与艺术体验使每一个人都在未来的时代成为彰显个性的实现自我价值的创造者。网络艺术设计工作者建设着当今网络时代的泛性基础，同时推动着网络互联时代的发展并走在时代的尖端。

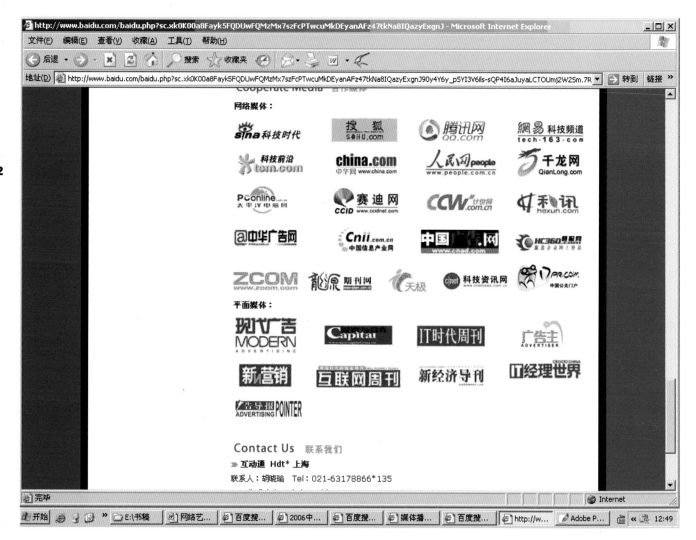

附录一　色彩配色图例

Bgcolork # F1FAFA ——做正文的背景色好，淡雅

Bgcolork # E8FFE8 ——做标题的背景色较好

Bgcolork # E8E8FF ——做正文的背景色较好，文字颜色配黑色

Bgcolork # 8080C0 ——上配黄色白色文字较好

Bgcolork # E8D098 ——上配浅蓝色或蓝色文字较好

Bgcolork # EFEFDA ——上配浅蓝色或红色文字较好

Bgcolork # F2F1D7 ——配黑色文字素雅，如果是红色则显得醒目

Bgcolork # 336699 ——配白色文字好看些

Bgcolork # 6699CC ——配白色文字好看些，可以做标题

Bgcolork # 66CCCC ——配白色文字好看些，可以做标题

Bgcolork # B45B3E ——配白色文字好看些，可以做标题

Bgcolork # 479AC7 ——配白色文字好看些，可以做标题

Bgcolork # 00B271 ——配白色文字好看些，可以做标题

Bgcolork # FBFBEA ——配黑色文字比较好看，一般作为正文

Bgcolork # D5F3F4 ——配黑色文字比较好看，一般作为正文

Bgcolork # D7FFF0 ——配黑色文字比较好看，一般作为正文

Bgcolork # F0DAD2 ——配黑色文字比较好看，一般作为正文

Bgcolork # DDF3FF ——配黑色文字比较好看，一般作为正文

附录二 常用颜色表

■16常用颜色表

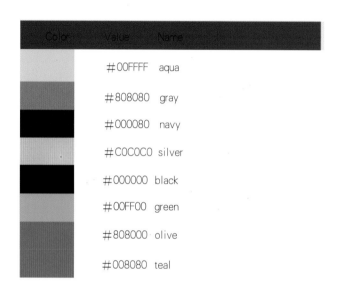

Color	Value	Name
	#00FFFF	aqua
	#808080	gray
	#000080	navy
	#C0C0C0	silver
	#000000	black
	#00FF00	green
	#808000	olive
	#008080	teal

Color	Value	Name
	#0000FF	blue
	#00FF00	lime
	#800080	purple
	#FFFF00	yellow
	#FF00FF	fuchsia
	#800000	maroon
	#FF0000	red
	#FFFFFF	white